政策課題別

都市計画制度
徹底活用法

佐々木晶二 著

ぎょうせい

都市計画を愛し、都市計画の発展のために
後輩を温かくご指導いただいた、
故山本繁太郎氏に、この本を捧げます。

はじめに

　本書は、著者が国家公務員として都市計画法の改正案や阪神・淡路大震災の際の被災市街地復興特別措置法案の立案、さらには東日本大震災の復興事業の予算要求を行うなど、都市計画制度の立案経験をしたこと、また、地方公務員として岐阜県と兵庫県において都市計画、復興実務を経験したことを踏まえ、都市計画の政策立案と実務の双方に役立つ、具体の都市問題に対応した政策課題別の都市計画制度の活用・改善方策をまとめたものである。

　具体的な読者として、第一に、都道府県や市町村の都市計画関係者や復興事業関係者、第二に、国土交通省の都市計画・復興担当の職員、第三に、都市計画プランナーや都市計画コンサルタント、第四に、大学の都市計画、建築、防災・復興、公共政策の研究者を想定している。

　また、内容も、実務者がすぐに取り組める「予算や運用上で対応できる措置」と、国家公務員などが枠組みをつくる必要がある「法制度的な措置」に分け、後者は「当面の措置」と「最終的な措置」に分けて、実務的な観点から制度改善の観点まで対応できるよう記述している。

　さらに、本書における「都市計画制度」には、土地利用規制や施設、事業といった強制力を持った手法を内容とする都市計画法だけでなく、都市の安全性の確保、地域経済の再生、社会的弱者対策、環境対策といった都市問題を解決するための誘導、支援制度や自主財源制度までを含んでいる。従来は「まちづくり」として漠然と括られていた分野も含めて「広義の都市計画制度」を対象に記述していることが、本書の特徴でもある。また、本書では理論的な都市計画制度の解説ではなく、防災など具体的な政策課題に対して、法律の運用、予算制度の活用、さらに法制度改正の第一弾、第二弾と読者が対策を講じるに当たっての難易度に応じた解決策を例示している。

　都市計画制度の基本論は序章に整理しているが、具体的な措置の内容を早くつかみたい場合には、都市問題ごとの政策課題である、都市の安全性の確保（第1章　住民の安全を守る）、地域経済の再生（第2章　地域経済を再生

●はじめに

する）など、第1章から第4章のどこからでも読み始めてもらいたい（次図「本書の構成」参照）。さらに各章の最初には政策課題ごとの「予算や運用上で対応できる措置」「法制度的な措置」「当面の措置」「最終的な措置」をすべて盛り込んで完結させた「施策マトリクス」があり、それを見るだけでも要点がわかるようになっている。

　参考となるデータなどの資料については、注や参考資料に明記しているが、ぎょうせいのホームページ（http://gyosei.jp）にもURLがアップされているので、そこからHPに飛んで、詳しい内容を確認することが可能である。

　また、参考文献については「革新的国家公務員を目指して」というタイトルの著者のブログ（2015年5月まではfc2ブログhttp://shoji1217.blog52.fc2.com/、それ以降はライブドアブログhttp://blog.livedoor.jp/shoji1217/）で概要やポイントを紹介しているので、参考にしていただきたい。

　それでは、みなさん、本書を手にとって是非、新しい都市計画の世界を読み進んでいただきたい。

2015年11月

佐々木　晶二

本書の構成

```
序章-1
都市計画の役割
```

```
序章-2
欧米の都市計画は
都市問題解決型
```

```
序章-2
日本の都市計画も
最初は
社会問題対応型
```

```
序章-3
開発圧力のある
大都市と
開発圧力のない
地方都市の区別
```

```
序章-4
都市問題に
正面から取り組む
都市計画
```

```
序章-3
補助金ではない
都市計画財源の
確保
```

```
第1章
住民の安全の
ための都市計画
```

```
第2章
暮らしを支える
地域経済の
再生のための
都市計画
```

```
第3章
社会的弱者
対策としての
都市計画
```

```
第4章
緑、景観、
歴史文化、
環境を守る
都市計画
```

```
終章
政策課題に
対応するための
都市計画の
政策体系
```

目　　次

はじめに／i
本書の構成／iii

序章　都市計画が果たしてきた役割と進むべき方向

1　日本の都市計画の現状と課題 ────────────── 2
　(1)　欧米の都市計画からみた現在の日本の都市計画の分析／2
　(2)　日本の都市計画の歴史からみた現在の都市計画の分析／3
　(3)　現行都市計画の問題点／4
2　これからの都市計画が進むべき方向 ─────────── 8
3　都市計画の運用改善と制度改善策 ──────────── 11

第1章　住民の安全を守る

住民の安全を守るための施策マトリクス ─────────── 14

第1節　政策課題〈初級編〉　地震・津波から住民の安全を守る ─ 18

　1　首都直下地震に備えた密集市街地対策 ─────────── 19
　　(1)　密集市街地対策の枠組み／19
　　(2)　密集市街地対策の課題／19
　　(3)　今後の密集市街地対策の方向性／20
　2　南海トラフ巨大地震に備えた防潮堤計画と土地利用計画 ──── 22
　　(1)　防潮堤計画の枠組み／22
　　(2)　津波避難施設、避難計画や土地利用計画などのソフト対策／22
　　(3)　防潮堤などのハード対策と土地利用計画などソフト対策の方向性／24
　3　まとめ ──────────────────────── 25

● 目　　次

第 2 節　政策課題〈応用編〉　住民の安全のためにできること ── 27

Ⅰ　復興まちづくり制度の使い方 ─────────────── 27
　1　防災都市計画・事業の制度設計 ─────────── 28
　　（1）政策上の前提／28
　　（2）制度設計に当たっての留意点／29
　2　提案：これからの防災都市計画・事業の基本的枠組み ─── 30
　3　防災都市計画・事業の基本的枠組みの実効性、実用性 ─── 31
　　（1）「地震火災」×「災害予防」段階／31
　　（2）「地震津波」×「災害予防」段階／32
　　（3）「土砂災害」×「災害予防」段階／33
　　（4）「大洪水・地震による建物崩壊、竜巻による建物崩壊」×「災害予防」段階／34
　　（5）「地震火災」×「災害復旧・災害復興」段階／34
　　（6）「地震津波」×「災害復旧・災害復興」段階／35
　　（7）「土砂災害・大洪水・地震による建物崩壊、竜巻による建物崩壊」×「災害復旧・災害復興」段階／36
　4　まとめ ────────────────────── 37

Ⅱ　阪神・淡路大震災、東日本大震災の復興対策及び恒久対策からみた今後の課題 ───────────────────────── 42
　1　「大規模災害からの復興に関する法律」からの視点 ──── 43
　　（1）法律の概要／43
　　（2）「大規模災害からの復興に関する法律」からみた復興都市計画の再検証の視点／43
　2　改正災害対策基本法からの視点 ─────────── 48
　　（1）法律の概要／48
　　（2）災害対策基本法等の一部を改正する法律からみた復興都市計画の再検証の視点／48
　3　津波被災地における土地区画整理事業の注意点 ───── 49
　　（1）東日本大震災における土地区画整理事業の状況／49

● 目　　次

　　(2) 津波被災地における事業実施の際の注意点／49
　4　海岸保全施設の高さと復興まちづくり計画 …………………… 56
　　(1) 東日本大震災後の海岸保全施設の高さの基準と復興まちづくり
　　　 関係制度の立案経緯／56
　　(2) 海岸保全施設の高さの基準と復興都市計画の時期のずれ／59
　　(3) 海岸保全施設の高さの基準に関する課題／60
　5　地区防災計画と復興都市計画との連携 …………………………… 62
　　(1) 地区防災計画の特徴／62
　　(2) 地区防災計画に関連する災害対策基本法上の法制度／63
　　(3) 逃げ地図の作成から地区防災計画策定までのプロセス案／63
　　(4) 地区防災計画の策定と復興都市計画の関係／64
　　(5) 地区防災計画と防災都市計画との関係／65
　　(6) 地区防災計画活用に当たっての今後の課題／66
　6　用地取得の迅速化と法的措置 ……………………………………… 66
　　(1) 復興事業における用地取得の加速化の現状／66
　　(2) 都市計画手続、収用手続の改善の可能性／67
　　(3) 財産管理制度の改善の可能性／68
　　(4) これらの法律事項を措置すべき法律／70
　7　市町村が取得した移転促進区域内の土地の集約手法 ………… 70
　　(1) 移転促進区域内の現状／70
　　(2) 現行の換地手法での対応／71
　　(3) 新たな制度運用の提案／71
　8　まとめ ………………………………………………………………… 74

第3節　参考資料 ────────────────────── 79

(1)密集法／(2)街並み誘導型地区計画／(3)いわゆる「二項道路」／(4)南海トラフ特別措置法／(5)津波地域づくり法／(6)被災市街地復興推進地域／(7)地区防災計画／(8)大規模災害からの復興に関する法律

● 目　次

第2章　地域経済を再生する

地域経済を再生するための施策マトリクス ──────────── 84

第1節　政策課題〈初級編〉　地域経済再生のための都市計画 ── 88

- Ⅰ　国土の地域区分の考え方 ──────────────── 89
- Ⅱ　地方都市中心部の課題 ──────────────── 94
  - 1　都市計画の課題 ……… 94
  - 2　都市計画の目標 ……… 94
  - 3　新しい都市・地域再生プロジェクトの事例 ……… 94
  - 4　都市計画と住民参加の考え方 ……… 95
  - 5　今後の都市計画の方向 ……… 95
- Ⅲ　大都市郊外部の住宅市街地の再生 ──────────── 96
  - 1　都市計画の課題 ……… 96
  - 2　都市計画の目標 ……… 96
  - 3　新しい都市・地域再生プロジェクトの動き ……… 96
  - 4　都市計画と住民参加の考え方 ……… 97
  - 5　今後の都市計画の方向 ……… 97
- Ⅳ　地方都市郊外部の住宅市街地の再生―農山村集落も視野に入れて― ──────────────────────────── 98
  - 1　都市・地域の課題 ……… 98
  - 2　都市計画の目標 ……… 99
  - 3　新しい都市・地域再生プロジェクトの動き ……… 99
  - 4　都市計画と住民参加の考え方 ……… 99
  - 5　今後の都市計画の方向 ……… 100
- Ⅴ　東京都心及び大都市の都心の都市再生の視点と課題 ──── 101
  - 1　都市計画の課題 ……… 101
  - 2　都市計画の目標 ……… 101
  - 3　新しい都市再生プロジェクトの事例 ……… 102
  - 4　都市計画と住民参加の考え方 ……… 102

● 目　　次

　　5　今後の都市計画の方向 ……… 102
　Ⅵ　まとめ ……………………………………………………………… 103

第2節　政策課題〈応用編〉　地域経済再生のためにできること — 106

　Ⅰ　地方再生のための都市計画 …………………………………………… 106
　　1　地方のまちなかの活性化方策 ……… 106
　　　(1)　現在の状況と活性化方策／106
　　　(2)　制度の具体的な活用方法／107
　　　(3)　今後の課題／107
　　2　まちなかの公共空間を賑わい空間へ活用する ……… 108
　　　(1)　現在の状況と活性化方策／108
　　　(2)　制度の具体的な活用方法／108
　　　(3)　今後の課題／109
　　3　駅を中心としたまちづくり ……… 109
　　　(1)　現在の状況と活性化方策／109
　　　(2)　制度の具体的な活用方法／110
　　　(3)　今後の課題／111
　　4　まとめ ……… 111
　Ⅱ　地方創生政策のための都市計画 ……………………………………… 114
　　1　地方創生政策の目的 ……… 114
　　2　主要省庁の地方創生政策と提案 ……… 114
　　　(1)　総務省の提案／114
　　　(2)　経済産業省の提案／116
　　　(3)　国土交通省の提案／117
　　3　地方創生の知恵はどこにあるのか？ ……… 117
　　4　これからの地方創生政策のあり方 ……… 119
　　5　まとめ ……… 120
　Ⅲ　東京都心等大都市の都心再生のための都市計画 …………………… 122
　　1　大都市再生の意義 ……… 122
　　2　大都市の持つ国際競争力の現状 ……… 123

3　日本の大都市の強みとその活かし方 ……… 124
　　4　日本の大都市を世界と戦える街に変える具体の改革案 ……… 125
　　　（1）日本の総力をあげる体制づくり／125
　　　（2）生活環境の改善策／125
　　　（3）産業活動環境の改善策／127
　　5　まとめ ……… 128

第3節　参考資料 ─────────────────────── 130

（1）都市再生特別措置法／（2）地方都市における地域SPC法人への出融資／（3）東京都心及びブロック中枢都市都心での都市再生事業への出融資／（4）道路上でのカフェや広告板設置などの特例／（5）河川敷地の有効活用／（6）都市公園の有効利用／（7）指定管理者制度（社会福祉関係…133、都市公園関係…134、病院関係…135、河川関係…136、港湾関係…137、下水道関係…138、公立学校関係…142、公営住宅関係…144、道路関係…147、健康施設関係…148、老人福祉施設関係…149）

第3章　社会的弱者を守る

社会的弱者を守るための施策マトリクス ─────────── 156

第1節　政策課題〈初級編〉　社会的弱者を守る ─────── 160
　Ⅰ　社会的弱者の地理的偏在状況 ……………………………… 161
　Ⅱ　社会的弱者の移住政策とその他の政策の位置づけ ……… 164
　　1　社会的弱者の移住政策 ……… 164
　　2　都市計画からみた社会的弱者政策 ……… 165
　Ⅲ　社会的弱者対策としての都市計画──その他の空間計画の提案
　　　……………………………………………………………………… 166
　　1　関連する既存の提案 ……… 166
　　2　プロジェクトをより具体化するための基本的方向 ……… 167

● 目　　次

　　3　具体的な事業モデル—「社会的弱者のための地域自立モデル事業」
　　　　（仮称）と支援の枠組みの提案 ……… 167
　　4　まとめ ……… 171

第2節　政策課題〈応用編〉　社会的弱者のためにできること ── 173

　Ⅰ　住宅団地での高齢者等への生活サービス事業の立ち上げ方 ……… 173
　　1　検討に当たっての前提条件 ……… 173
　　　（1）純然たる医療、介護サービスそのものには踏み込まない／173
　　　（2）生活サービス事業の対象としては、純然たる医療、介護サービ
　　　　　スの周辺にある生活サービスをまず検討する／174
　　　（3）地方都市の持家居住の高齢者は相当の貯蓄を持っている世帯が
　　　　　相当数存在する／175
　　　（4）地方都市の持家居住者の高齢者はまだ、元気な人が多い／176
　　2　生活サービス事業を立ち上げる際の関係者 ……… 177
　　　（1）住宅団地を供給した事業者／177
　　　（2）土地又は床を保有している公的主体／177
　　　（3）住宅団地の持家に居住する健康な前期高齢者の役割／178
　　3　新しい生活総合支援事業のモデル例 ……… 178
　　4　新たに事業を実施する際に必要となる制度改正項目 ……… 180
　　5　まとめ ……… 181
　Ⅱ　平時の住宅政策のあり方と住宅復興政策 ……… 181
　　1　平時の住宅政策の課題 ……… 182
　　　（1）住宅政策の政策目標／182
　　　（2）住宅政策の課題／182
　　2　今後の住宅政策を再構築するうえでの制約要因 ……… 183
　　3　今後の住宅政策の展開 ……… 184
　　4　阪神・淡路大震災、東日本大震災における住宅復興の取組みと住
　　　　宅復興政策として重要な論点 ……… 187
　　5　まとめ ……… 189

● 目　次

第3節　参考資料 ─────────────────── 191
　（1）都市再生特別措置法／（2）地方都市における地域SPC法人への出融資／（3）居住支援協議会

第4章　緑、景観、歴史文化、環境を守る

緑、景観、歴史文化、環境を守るための施策マトリクス ─────── 194

第1節　政策課題〈初級編〉　緑、景観、歴史文化、環境を守る ─ 198

Ⅰ　公園など緑環境の維持改善 ──────────── 199
　1　公園など緑環境の現況 ……… 199
　2　都市緑地の保全等のための運用改善と当面の制度的改善 ……… 200
　　（1）緑環境保全の方針の明確化／200
　　（2）既存の緑地を保全する制度の堅持／200
　　（3）既存の都市公園の有効活用／201

Ⅱ　市街地環境の保全 ─────────────── 202
　1　市街地環境の現状 ……… 202
　2　市街地環境を維持するための運用改善と当面の制度的改善
　　　　……… 203
　　（1）絶対高さ制限を内容とする高度地区の活用／203
　　（2）地区ごとのまちづくり活動の活発化／203
　　（3）都市のオープンスペースの制度的位置づけの強化／204
　　（4）「都市計画基金」の設置促進及び「都市計画負担金」制度の創設／205

Ⅲ　歴史・景観まちづくり ──────────────── 206
　1　歴史・景観まちづくりの現況 ……… 206
　2　歴史・景観まちづくりのための運用改善と制度的改善 ……… 207
　　（1）景観法等の運用による改善／207
　　（2）景観法等の制度的改善／207

● 目　　次

　　　（3）景観及び歴史まちづくりのための財源の確保／208
　Ⅳ　エネルギー・低炭素問題 ──────────────── 209
　　1　エネルギー・低炭素問題 ┈┈┈ 209
　　2　エネルギー・低炭素問題のための運用改善と制度的改善 ┈┈┈ 212
　　　（1）都市計画としてエネルギー問題、低炭素問題を進める枠組み／212
　　　（2）大都市におけるエネルギー自立システム導入の促進／212
　　　（3）行政中枢機能におけるエネルギー自立システムの導入／213
　　　（4）大都市郊外部、地方都市における自立的なエネルギーシステムの導入／214
　　3　まとめ ┈┈┈ 214

第2節　政策課題〈応用編〉　立地適正化計画制度の上手な使い方
　──────────────────────────── 217

　　1　立地適正化計画の概要 ┈┈┈ 217
　　2　立地適正化計画の課題──政策目的の実現可能性と各種の区域とり ┈┈┈ 218
　　3　都市計画制度運用者が前提とすべき都市・地域像 ┈┈┈ 221
　　4　現実に即した運用のアイディア ┈┈┈ 222
　　5　まとめ ┈┈┈ 224

第3節　参考資料 ────────────────────── 227

（1）公園など緑環境を守る法律／（2）都市計画税の使途を限定した条文／（3）都市計画税の余剰が生じていることを明らかにした質問趣意書及び答弁書／（4）都市計画税に余剰が出た場合に特別会計で積み立てるよう指導する総務省内かんが引用されている論文／（5）都市計画事業の受益者負担金の規定／（6）最近の受益者負担金に関する判例／（7）景観法／（8）地域における歴史的風致の維持及び向上に関する法律／（9）高度地区に関する規定／（10）都市の低炭素化の促進に関する法律／（11）立地適正化計画／（12）立地適正化計画に係る支援制度

● 目　次

終章　政策課題に対応するための都市計画の政策体系

Ⅰ　都市計画法の基本的役割 …………………………………………… 232
　1　郊外へのバラ建ちの抑制 ……… 232
　2　市街地の高度利用のコントロール ……… 232
　3　都市計画財源の確保と基金化 ……… 232
　4　その他の都市計画法の課題 ……… 233
Ⅱ　都市問題の解決のための法体系の整理 …………………………… 233
　1　持続可能で自立的な都市構造を実現するための法体系の整備
　　 ……… 233
　2　被災地復興法制の一元化 ……… 234
　3　景観法への一元化 ……… 235
Ⅲ　当面の都市計画の法体系 …………………………………………… 235

おわりに／239
初出一覧／241

用語索引／242

序　章
都市計画が果たしてきた役割と進むべき方向

● 序章　都市計画が果たしてきた役割と進むべき方向

　都市計画とは「都市の健全な発展と秩序ある整備を図るための土地利用、都市施設の整備及び市街地開発事業」と都市計画法で定義されている（都市計画法第4条第1項）。

　この定義は、欧州での近代都市計画が都市問題を解決する手段として、施設の整備や建築物の誘導など、ハード中心の対策を講じてきた歴史的事実を踏まえている（1（1）参照）。しかし、我が国は、今後は既にできている都市基盤施設や建築物などの既存ストックをいかに活かして都市問題を解決していくかが、都市計画の大きな役割となっていく。

　このためには、都市計画の役割は、施設整備や建築物誘導といったハードの枠組みを越えて、ストックである社会資源を活用して都市問題を解決するための政策金融や財源、制度的枠組みを含めて、いままで「まちづくり」という用語に括られていた範囲まで拡大していくべきものと考える。

1　日本の都市計画の現状と課題

(1) 欧米の都市計画からみた現在の日本の都市計画の分析

　18世紀半ばから19世紀のイギリスにおいては、エンクロージャー（囲い込み）により大量の農民が都市に流入するのに伴って産業革命が進行した。この結果、発生したのは、エンゲルスが『住宅問題』でも指摘した、労働者階級の劣悪な住宅問題であり、住宅問題解決のために近代都市計画が始まったといわれている。産業革命が伝播していったヨーロッパ各国でも同様のことが指摘される。[1]

　このように、都市における深刻な社会問題を将来を見通して解決するために生まれた「都市計画」という政策体系は、欧州においては都市問題の変遷に伴い、都心を離れた田園都市の建設、渋滞などの交通問題の解消から、経済停滞の深刻化を踏まえた都市再生、さらには近年では、地球温暖化対策など幅広い都市問題の解決を対象にしてきている。

　これに対して、日本の都市計画は、特に近代国家として遅れていた都市基盤施設の整備を目的として、1888年に東京市区改正条例を制定したことに始

まり、1919年の旧都市計画法の制定など、主に、道路、河川などの基盤施設の整備を中心の目的としていた。また、1923年と1946年の二度にわたって特別都市計画法が制定され、関東大震災及び戦災からの復興のための基盤整備を、減歩という地権者の負担で行う土地区画整理事業を活用して実施してきた。

その後、高度成長期における全国的な都市化の進展と都市の膨張の動きをコントロールし、公共事業を効率的に実施することを主な目的として、1968年に現行の都市計画法が制定され、現在に至っている。

(2) 日本の都市計画の歴史からみた現在の都市計画の分析

1919年の旧都市計画法の制定及び1923年の関東大震災からの復興のための特別都市計画法の制定の背景には、当時の内務大臣として法制定への政財界調整に尽力した後藤新平及び内務省初代都市計画課長の池田宏の貢献がある。

後藤は内務省衛生技術官僚として、日清戦争帰還兵の防疫事業で頭角を表し、1889年に台湾総督府民政局長に着任して、台湾現地の問題を緻密に調査し、あたかもそれを治療するかのごとく麻薬の管理やインフラ整備などを適切に進めた。その経験を踏まえて、内務大臣時代も内政上の問題を詳細に調査したうえで、都市計画法の制度創設を行った。

後藤を内部から支えたのが初代都市計画課長の池田宏であり、池田はその後、社会問題を扱う内務省の社会局長を経て、実際の都市計画事務を扱う東京市助役や帝都復興院の理事兼計画局長として実務を担った。このように、旧都市計画法や関東大震災の復興のための特別都市計画法の枠組みは、当時の日本の都市問題を解決する取組みと総括できる。

これに対して戦後の都市計画は、1946年に制定された特別都市計画法による、戦後復興への対応で始まった。その後高度成長期には急激な都市化のなか、効率的な公共事業の実施のために都市化の範囲を限定して、無秩序な郊外での開発を抑制するためのいわゆる「線引き」を中心とした現行の都市計画法が制定された（1968年）。当時の都市局都市計画課長の大塩洋一郎[2]によれば、都市内の市街地環境の問題にも関心はあったものの、建築基準法

● 序章　都市計画が果たしてきた役割と進むべき方向

を所管していた住宅局が建築許可制度を導入するという約束があったため、1968年の都市計画法の市街地環境を保全する部分は、用途地域の細分化と形態規制、容積率制度などを導入するにとどまった。

それ以降、1980年の地区計画の導入など改善はあるものの、都市計画法そのものの大きな枠組みや目的、基本理念についてはそのまま継続している。

(3) 現行都市計画の問題点

ア　都市問題の解決に対する姿勢

欧米では、先に述べたとおり、そもそも都市計画は労働者の劣悪な住宅環境などの社会問題を解決するための枠組みとして政策分野が構築され、それに加えて、新たに生じてきた都市問題（環境・景観、社会的弱者など）を解決するため、都市計画の目的自体を拡大しつつ制度拡充を行ってきた。

日本では、先に述べたとおり、戦前においては生活環境の悪化の主な原因が都市基盤施設不足であったため、その整備を主目的として1919年に旧都市計画法が制定され、さらに、特別都市計画法で関東大震災と戦災の復興に対応した。

戦後の1968年の都市計画法制定に当たっては、都市の無秩序な拡大防止のために線引き制度を導入するとともに、用途規制、形態規制、容積率規制を導入して、市街地環境の最低限の改善を図るといった政策目的を鮮明にした。ここまでの日本の都市計画の歴史は、この時代に存在した都市問題に向き合って改正されてきたと言える。

しかし、それ以降、現行の都市計画法が、「都市施設」「土地利用規制」「市街地開発事業」という、施設整備と建築物誘導というハード対策を「核」とした、強制力をもった精緻な政策体系として整備されたため、制度拡充に対して、かえって硬直的になってしまった。具体的には、建築・都市開発を活性化するという経済対策、市街地の景観や歴史的環境の保全、さらには低炭素などエネルギー問題について、都市計画法という「核」の制度に触ることなく、別法体系で「核」の周辺に新しい法律を付け加えるという歴史を繰り返してきた（図表1）。

これは、我が国が直面した様々な社会問題、政策課題、都市問題に対応し

● 序章　都市計画が果たしてきた役割と進むべき方向

■図表1　現在の都市計画法の枠組みとその周辺にある政策目的

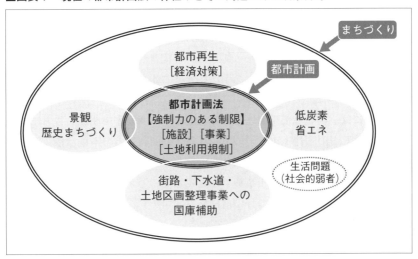

て都市計画の制度構築をしてきた先輩たちの歴史から見ると、1968年以降の立法担当者は、あえて都市計画法に触れずに問題を解決しようとしてきたといわざるを得ず、筆者も含めて、都市問題を正面から解決する気概に欠けていたとの批判を甘受せざるを得ない。

イ　制度重視からくる視野狭窄

戦前の内務省の都市計画課では、課長のもとに係として道路設計をする係、建築設計をする係、公園設計をする係などがあるという、中小企業のように風通しの良い組織体制で、いざ関東大震災が発生した際の震災復興にも総力で取り組むことが可能だったと聞いている。

これに対して、現在では、1968年の都市計画法及びそれと並行して整備された都市公園法、下水道法や土地区画整理法、都市再開発法などの法制度が極めて精緻で、かつ、有効な手法であることから、街路事業、都市公園事業、下水道事業、土地区画整理事業、市街地再開発事業それぞれを専門とする官民の技術者集団が生じてしまった。この技術者集団のそれぞれが、制度の存続を自己目的にしてばらばらに行動するという官民の組織体制となってしまった。

● 序章　都市計画が果たしてきた役割と進むべき方向

　この結果、時代の変化に伴い発生する都市問題に対して、都市計画を担う専門家が自らの枠を打ち破って新しい取組みを主体的に行う姿勢を減退させるとともに、既存の都市計画の枠内においても、各種の事業が連携して総合的に対応することすら困難になってきた。時代遅れになってきた既存の事業を廃止して、新たな時代にあった手法に転換するといった「選択と捨象」の判断をすることは、なおさら極めて困難になってしまった。

　具体的には、新しい都市問題である低炭素やエネルギー問題、さらには極めて深刻化している住宅市街地の単身高齢者の問題など、本来は都市計画で扱うべき課題について、新たに取り組もうとする意欲が官民の技術者から涌いてこない。いわゆる「大企業病」が発生している。さらには、既存の制度や予算を残すことを優先して目の前にある問題をあえて見ないという「視野狭窄」の傾向も生じている。

ウ　人口減少社会という都市構造の変化への対応の遅れ

　我が国は1億人以上の人口と世界有数のGDPを抱える国のなかで初めて、人口減少社会—都市化が進展した都市の中での生産年齢人口の減少—という時代を迎えている。これは、いわば、大都市都心など一部の例外的な地区を除き、新しい都市開発や建築物の建築が起きない時代に入ったということができる。

　現実に大都市の郊外部や地方都市では、市街地に多くの空き家を抱え、それは農山村集落でも同様の状況となっている。その一方で、単身高齢者や母子家庭、低所得者が都市内の一定の地区に集住して、現在はあまり大きな問題には見えないものの深刻な社会問題になりつつある。

　このように、新しい都市開発や大規模な建築活動が起きない時代には、土地利用制限によって建物の質や環境を改善していくという手法が使えないのはもちろんのこと、市街地再開発事業のような新しい床を拠点的に大量に供給する手法も効果を減じてくる。さらに、人口減少社会に伴い自動車や公共交通機関の利用者数も減り、下水道や水道、都市公園の利用者も減ることから、従来型の土地利用規制や都市施設、市街地開発事業という都市計画の根幹である強制力を持つ手法の有効性がどんどん失われていく時代になる。

　この都市計画の転換期では、イで述べたように、各手法にそれぞれの官民

● 序章　都市計画が果たしてきた役割と進むべき方向

の技術者がぶら下がっているような組織体制とそこから生まれる発想では、国民が求める都市問題の解決に応えることは困難である。これが、国民が都市計画に興味や期待を持てなくなっている原因ともなっている。

🔲 エ　厳しい財政状況を踏まえた既存制度の再評価と前向きな対応

　国の厳しい財政状況、毎年1兆円以上の自然増が発生する社会保障予算などをふまえると、都市計画が扱う従来型の都市基盤施設の整備に対する補助について、国が予算を十分に出せなくなるようになるのは当然である。さらに、既に整備されている都市公園や都市計画道路、軌道（路面電車）や公共建築物などに対して、早晩、地方財政が適切な維持管理をすることすらままならない状況になることは間違いない。

　また、地方の活性化のために試みられてきた土地区画整理事業や市街地再開発事業などの面的整備事業については、その具体的な成果について厳しい目が注がれ始めている。少なくとも、既に建設国債をもって次世代の負担により整備した街路、都市公園や軌道などの公共交通機関については、原則として地方公共団体自らの税収・財源に基づく財政支出でその維持改善を図ることが必要である。

　国は、この地方公共団体の適切な維持管理を前提に整備の際の国庫補助を行ってきた。しかし、仮に都市財政の制約から維持管理が十分にできないのであれば、国として過大な都市基盤施設の整備を誘導してしまったことになる。これは、建設国債で調達した資金であってもそれに見合う社会資本が十分に次世代に引き継げず、いわば次世代の富を先食いしただけになる。

　このような事態を防ぎ、既存の都市基盤施設の状況を、さらに都市全体を良好な状態な状態で次世代に引き継げるよう、地方公共団体の都市計画のための財源確保について、国としても真剣に制度設計を検討する必要がある。

● 序章　都市計画が果たしてきた役割と進むべき方向

2 | これからの都市計画が進むべき方向

　以上のような問題認識を踏まえて、日本の都市計画を改善する方向は、以下の三つと考える。

> **都市問題に対して正面から立ち向かい、国民のためにできることは都市計画に取り込む。「まちづくり」という言葉に逃げ込むことなく、都市問題の解決を「都市計画」として実現する制度体系を構築する。**

　現在生じている社会問題、特に、人が活動し居住している空間である都市に特化した問題、すなわち都市問題としては以下の四つがある。
① **安全問題**
　　差し迫って命に係わる密集市街地対策、都市直下地震対策、津波対策
② **暮らしを支えるための経済問題**
　　生活を支えるための稼ぎを確保するための地域経済の維持・活性化
③ **生活問題**
　　単身高齢者、母子世帯、低所得者層など社会的弱者の生活の維持、改善
④ **環境問題**
　　緑などの環境の保全、市街地環境の維持と改善、景観や歴史的建築物の保全、エネルギー問題、低炭素問題

　これら国民の安全、経済、生活、環境を改善し、国民の幸福を維持し改善していくという政策目的の実現のため、都市を対象にして政策を総合的に投入する「都市計画」の政策体系を再構築する。

> **市場の開発圧力の高い大都市の都心と、開発圧力の乏しい大都市の郊外部、地方都市などを分けて都市計画の政策を考える。**

　現行の都市計画制度は、1968年当時の開発圧力のある時代を前提にしてい

● 序章　都市計画が果たしてきた役割と進むべき方向

るので、市街化区域と市街化調整区域の区域区分など、郊外の開発抑制と市街地内の開発の規模をインフラとのバランスで調整する容積率規制を導入している。

　このうち郊外への開発規制は、人口が減少している地方都市などでも、地価の安い土地を探して郊外に住宅や福祉施設が無秩序に立地することを防ぐため、引き続き規制の必要性がある。

　しかし、市街地での規制は、住宅の空き家が増え新しい商業床や業務床需要が乏しく、一方で空きビルが多数発生しているなか、容積率などの規制をもってよりよい開発に誘導することは困難になってきている。

　この意味では、従来型の土地利用規制の規制措置や緩和措置、さらには、市街地再開発事業などでよりよい公共的な空間を確保した都市開発、建築行為を誘導し実現するという手法、いわゆる『都市計画の本来の特質である強制力のある「施設」「事業」「土地利用規制」という仕組み』が機能しなくなってきており、今後もいっそうその傾向は進むと考える。

　むしろ、大都市の郊外部や地方都市など、新しい都市開発、建築行為のニーズのないところでは、地域SPC法人などの地域共同体をベースにして収益をあげる事業主体をたちあげ、そこに政策金融支援を行いつつ、総合的な生活サービスを提供する民間事業支援制度が重要となる。さらには空き家や空きビルなどを活用して、コンバージョンをする、また、住宅市街地の空き家や身の周りの公園のネットワークを平面的な福祉施設空間とみなして、シェアハウスとして高齢者が居住する住宅と空き家や公園の有効活用を行い、福祉事業所やコミュニティプラザなどのネットワーク化を図るための環境整備を図ることが重要である。

　これに対して、東京都心など大都市の都心については、従来の都市計画の枠組み―大胆な規制緩和と金融支援、公共施設への重点的な補助―が有効であり、その意味では、都市再生特別措置法の枠組みの前半の都市再生緊急整備地域の枠組みと都市計画法の枠組みが、ほぼそのまま活用できると考える。

● 序章　都市計画が果たしてきた役割と進むべき方向

補助金に頼らない、市町村の独自の都市計画財源を確保する。

　都市計画財源は、1919年に旧都市計画法が制定された際に大蔵省と旧都市計画法を提案した内務省で激論が交わされた。しかし、補助金は認められず、財源としての新税である土地増価税も否定され、かろうじて受益者負担金のみが制度化された。この受益者負担金は、戦前においては補助金が不十分であったため、様々な事業で受益者負担金制度が活用された。

　戦後は、都市公園や都市計画道路などの都市施設の整備、土地区画整理事業や市街地再開発事業に対する国の補助制度が充実してきたため、地方公共団体側に自主的な財源を求める動きが衰退し、受益者負担金も下水道で徴収されるだけになってしまった。

　一方で、今後は国の財政、自治体財政が極めて逼迫し、国の一般会計の社会保障費が年1兆円以上自然増をしている現状では、国の補助金で都市施

■図表2　大都市都心と大都市郊外・地方都市ごとの、従来の都市計画法と今後の改善方向

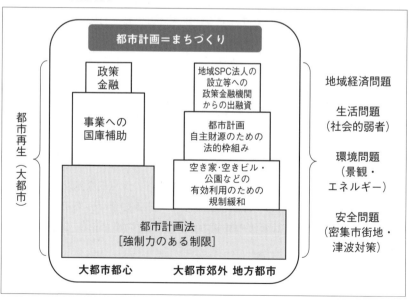

設の整備や各種の事業を支援していくことは将来的に困難になる可能性がある。

　また、人口減少社会においては、新たに都市施設を整備し、都市開発を実施するよりは、既存の公共施設を維持し、そのサービス水準を上げる、さらには既存の建築ストックを有効活用する面が重要になってくる。この観点からも、国の補助を期待することは一層難しくなってくる。

　このため、補助金がなかった1919年の旧都市計画法制定時の先輩たちの苦労に立ち戻って、広く住民が抱える都市問題を空間的に解決するために都市計画税、受益者負担金以外にも様々な財源措置を確保する枠組みを国が整備することによって、市町村の都市計画財源の充実を図ることが重要である（図表2）。

3 都市計画の運用改善と制度改善策

　以上のような視点を踏まえ、都市計画とは、現在の都市計画法の枠を超えて、人が生活し活動する空間である「都市」において、その全域又は一部の地域に偏在する社会問題（「都市問題」）を解決するため、一定の「将来像」を目指して解決する「総合的な制度体系」と定義したうえで、現在の都市計画の枠組みである「強制力のある権利制限措置」を超えて、現実に生じている都市問題を解決するために、第1章以下では、以下のとおりテーマ分けをして、都市計画の運用改善と制度改善策を提案していきたい。

　　第1章　住民の安全を守る
　　第2章　地域経済を再生する
　　第3章　社会的弱者を守る
　　第4章　緑、景観、歴史文化、環境を守る

■注
1) 米国の都市計画は必ずしも、住宅問題など都市問題から発生したわけではない。一つはサンフランシスコの中国人を区分するための人種差別的なゾーニングの動き、もう一つはシカゴの博覧会などで始まった「都市美運動」が特徴である。
2) 大塩洋一郎『都市計画法の要点』（住宅新報社、1968年）を参照。

● 序章　都市計画が果たしてきた役割と進むべき方向

■参考文献
1) 渡辺俊一『比較都市計画序説』（三省堂、1985年）
2) 佐々木晶二『アメリカの住宅・都市政策』（経済調査会、1988年）
3) 中島直人『都市美運動』（東京大学出版会、2009年）
4) 池田宏『都市経営論』（都市研究会、1922年）
5) 関一『住宅問題と都市計画』（弘文堂書房、1923年）
6) 蓑原敬ほか『白熱講義　これからの日本に都市計画は必要ですか』（学芸出版社、2014年）
7) 冨山和彦『選択と捨象』（朝日新聞出版、2015年）
8) パッツィヒーリー『メイキング・ベター・プレイス』（鹿島出版会、2015年）

第1章
住民の安全を守る

　住民の安全を守るための都市計画としては、密集市街地における耐火性能、耐震性能を向上するための対策や、首都直下地震などによる都市大火対策、南海トラフ巨大地震に伴う津波防災対策が重要である。
　第1章では、阪神・淡路大震災や東日本大震災の教訓と、厳しい都市財政の制約を踏まえ、施設などのハード対策と避難計画などのソフトの対策を連携させるためのプラットホームとしての都市計画の役割を提示する。

● 第1章　住民の安全を守る

住民の安全を守るための施策マトリクス

	現実の問題	政策の基本的方向	
		マスタープラン	主体
密集市街地のための都市計画	①東京・大阪周辺部に大規模な密集市街地の存在 ②基盤整備等による力づくでの解消に人的、財政的限界 ③密集市街地並みの耐火性能の低い市街地は、路地のある街並みに多く存在するが、予算的対応が困難で問題が内在化	①首都直下、上町断層地震に備えた、老朽建築物の建て替え促進を主体 ②同規模の大都市直下型地震は日本の全大都市にありうることを前提に目標設定 ③耐火性能・耐震性能の低い建築物の密集地域について、自助的建て替えを前提にして、対象エリアを明確化	①東京都は都及び区中心でインフラ整備、建物は民間主導の建て替えを促進 ②その他の市町村は、民間土地所有者の建て替え誘導
首都直下地震に備えるための都市計画	①三権の中枢機能の麻痺、経済機能の麻痺の可能性 ②大量の帰宅困難者の発生	①機能の移転や分散配置は時間がかかることから、まず、それぞれの施設の機能の冗長性を確保 ②中枢機能は自立的なエネルギー、水供給システムを整備 ③巨大災害になるほど、政府の一元的な統制を重視	①自衛隊、警察、国土交通省地方整備局に加え、民間企業、ボランティアの役割重視 ②応急時の民間ビル所有者、大学などの主体的支援
津波防災のための都市計画	①南海トラフ巨大地震で西日本太平洋側が壊滅の可能性 ②日本海側は調査不足で確率さえ測定不能 ③発生までに防潮堤を全部整備することは国力から言って無理	①物的な施設（防潮堤など）は、巨大津波の発生までに津波被災地に対応して整備できる可能性が低いことを認識 ②すぐにでもできる避難計画、どうしても避難時間が確保できない場合には津波タワーなど命の助かる検証を実施（「逃げ地図」の全国展開）	①市町村による逃げ地図、避難計画、地区防災計画などの積極的な策定 ②情報伝達などについて、民間事業者の協力依頼

● 住民の安全を守るための施策マトリクス

土地利用規制	事業手法	支援手法
①2項道路・3項道路指定、街並み誘導型地区計画の活用、地区単位での防災規制によるきめ細かな耐火建築物誘導 ②ミニ戸建てであっても準耐火以上の耐火性能があれば積極的に誘導 ③耐火、準耐火、地域の実情に応じた耐火基準の設定	①土地区画整理事業や防災街区整備事業など権利調整に時間がかかる事業は限定的に実施（例えば、財政余力があり首都機能を抱える東京都23区等に限定） ②基本は民間の自助的建て替えの誘導 ③区分所有建物も将来の建て替えが可能か、維持管理が可能かを検討して誘導	①個人土地所有者の個別建て替えを政策金融で支援
①耐震改修基準について、オフィス、ホテル等人の集まる施設での基準強化を義務化 ②防災倉庫などの容積率特例の一般化 ③建築基準法に基づく建築禁止から被災市街地復興推進地域への円滑な移行による、無秩序バラ建ちの回避 ④仮設住宅建設など事前復興計画の策定	①中央官庁街、司法、国会及び日銀等の準中央政府機関の各種インフラの冗長性確保 ②土地区画整理事業、市街地再開発事業に加え、早期に事業着手、竣工できるようにするための面的買収制度の整備	①国の補助金、融資などによる民間事業者の事前防災空間確保などの対策への適切な支援の実施（東京都等の財源とのバランスを考える。） ②産業支援は補助金でなく融資で実施
①防災倉庫などの容積率特例の一般化 ②建築基準法第84条に基づく建築禁止から被災市街地復興推進地域への円滑な移行による、無秩序バラ建ちの回避 ③仮設住宅建設など事前復興計画の策定 ④低地での災害危険区域の指定シミュレーションの実施 ⑤災害危険区域の制度について、住宅禁止、一定の高さ内での住宅禁止など、メニューを明確化するとともに、敷地単位の規制は不合理であるなど基準を明確化	①地価上昇が見込めない地域なので、市街地再開発事業は実施せず ②土地区画整理事業は盛り土事業として、現道を尊重した道路設計で実施 ③早期に拠点のみ復興する全面買収方式の準備	①高台移転、盛り土事業に対しては、国の通常より手厚い補助を実施（ただし若干の地元負担を入れる。） ②産業支援、民間建築物支援は融資で実施 ③住宅支援についても、発災時点での財政事情を踏まえ再検討（少なくとも、農地や商業施設よりも住宅への支援との均衡を図る）

● 第1章　住民の安全を守る

	政策の基本的方向			運用・予算面での対応
	住民参加	公共施設管理	財源確保	
密集市街地のための都市計画	①地区別協議会の開催と地区計画の提案制度の活用 ②事前復興計画を地区ごとに準備 ③地区防災計画による人が死なない防災計画との連携	①密集市街地で市区が買収済みの土地は放置せず、都市公園として位置づけるとともに、管理は地域共同体又は民間企業へ開放	①都市計画税の充当 ②受益者負担金的な仕組みの導入	①市町村マスタープランで重点整備地区、路線の絞り込み、民間建築物建て替え誘導方針の明確化 ②いままで密集市街地に名乗りをあげていなかった市区町村でも、不燃領域率4割未満の木造建築物密集地域について市町村マスタープランに位置づけ ③街並み誘導型地区計画を積極的に活用して、前面道路容積率制限や道路斜線の緩和（中央区佃地区などをモデルに）
首都直下地震に備えるための都市計画	①地区別協議会の開催と地区計画の提案制度の活用、地区防災計画との連携 ②事前復興計画を地区ごとに準備 ③民間事業者の応急対策、復興計画策定支援についての位置づけを明確化	①民有空地、公共所有空地全体を統一した応急対策利用の事前復興計画の作成	①平時は通常予算。国の施設については国の財源を活用。その場合にも、官庁施設と民間施設の複合開発など、PPP手法を可能なかぎり実施 ②発災後に復興財源を増税で確保	①国の三権及び日銀、証券取引所などの経済中枢との一体的な防災計画、緊急時の連携対応計画を策定 ②当面、国土交通省官庁営繕部が中心となって、中枢機能、国会、裁判所のエネルギー、水インフラの冗長性の整備の調査を実施 ③同時に、民間事業主体でのPPP事業の可能性を調査 ④従来の自衛隊、警察、消防、国土交通省地方整備局などの行政の体制に加えて、民間のIT企業、物流企業などと国とがあらかじめ協定を結んで、民間の主導的な応急対策が実現できるよう支援
津波防災のための都市計画	①地区別協議会の開催と地区計画の提案制度の活用、地区防災計画との連携 ②特に地区防災計画の策定により、避難計画の準備、訓練を実施 ③事前復興計画を地区ごとに準備、訓練を実施	①被災地での将来の人口減少を踏まえて、公共施設の管理負担をあらかじめ推計しておき過大なインフラや公共施設を整備しない計画を準備	①平時は通常予算で対応（むしろ避難計画や津波タワーなどに重点） ②発災後に復興財源を増税で確保	①市町村が「大規模災害からの復興に関する法律」の趣旨に基づき、主体となって、防潮堤、盛り土事業、高台移転と、避難計画などの地区防災計画との一体的運用 ②国も防潮堤を所管する国土交通省水管理・国土保全局、復興事業を所管する都市・住宅局、さらに防災計画を所管する内閣防災と連携し、内閣防災の指導のもと、総合的かつ効率的な津波防災対策を実施

● 住民の安全を守るための施策マトリクス

当面講ずべき 制度改革案	最終的に実施すべき 制度改革案
①防災街区整備地区計画で地区の実情に応じた防火性能の規定化（京都市のようにわざわざ防火・準防火地域を外して独自条例で耐火規制をしなくても地区計画で独自防火規制は可能） ②密集市街地、それに類似する地域の建て替え促進活動をするNPO、株式会社などに対する認証制度を創設	①首都圏の密集市街地の防災事業、中枢機能の耐震化、エネルギー基盤の整備を、UR都市機構の本来業務として位置づけ、特に、中枢機能については国費で整備。また、エネルギー基盤などは収益性の確保も同時に実施 ②密集法で定める防災街区整備計画に避難計画の要素を追加して、地区防災計画とみなす規定を創設
①国の三権が一体となった首都直下防災計画の策定義務の明確化 ②緊急事態対応、応急対応、復旧事業、復興事業の連続的・切れ目ない計画策定義務の明確化 ③防災、復興業務経験者に対する予備防災・復興官（仮称）制度の創設	①防災・復興庁（仮称）の創設、専任大臣の選定（常時在京） ②防災・復興庁長官（大臣）が緊急事態発生直前から復興事業に至るまで、総理大臣に代わって、各大臣、副大臣、政務官、次官、警察庁長官、地方支分部局の長、県警本部長に対して指示する権限を創設 ③事前に中枢機関等に対する耐震性の確保、エネルギー、水などライフラインインフラの冗長性の整備はURの本来業務と位置づけ、国費で実施 ④上記業務のうち、PPPで民間企業がより効率的に実施できる場合には、URではなく、政策金融機関の支援のもと、民間事業者が実施
①復興計画の主体は市町村、災害復旧事業との調整主体も市町村であることを法律上明記 ②津波被災地での防潮堤のうち、都市計画区域内の事業については都市計画決定することを実質的に義務づけ ③災害危険区域と同様の制度を、中身を詳細化した上で都市計画制度として創設	①津波防災地域づくり法は、津波災害に限って、さらに予防防災の観点の法律になっている。その一方で、大規模災害からの復興に関する法律は、大規模災害の復興計画、事業手法の基本法となっており、所管官庁も異なる。これを防災・復興庁の創設と同時に、大規模災害からの予防、復旧・復興地域づくり法として統合整理して、一元化 ②それによって、津波災害以外の火山噴火など他の大規模災害への柔軟な対応も可能

第1節

政策課題〈初級編〉
地震・津波から住民の安全を守る

　災害から住民の安全を守るアプローチとしては、災害対策基本法に基づく地域防災計画による緊急避難場所等の指定や避難計画などのソフトの対策と、海岸法に基づく防潮堤の整備など社会インフラの整備、都市計画法、建築基準法に基づく街区や建築物の耐火・耐震性能の確保などのハードの対策がある。

　このソフトとハードの対策は、所管省庁が、内閣府防災担当政策統括官と国土交通省と異なることから、災害現場でも、総務、消防担当と、土木、都市住宅担当と分かれていることが多く、連携が十分とはいえない。東日本大震災の応急段階、復旧・復興段階での教訓を踏まえると、双方の対策の連携がいっそう必要と考える。

　その具体的な提案として、首都直下地震に備えた密集市街地対策と、南海トラフ巨大地震に備えた津波対策と避難施設、避難計画や土地利用計画などのソフト対策について、都市計画を共通のプラットホームとして用いた連携の仕組みを明らかにする。

● 第1節　政策課題〈初級編〉：地震・津波から住民の安全を守る

1　首都直下地震に備えた密集市街地対策

(1)　密集市街地対策の枠組み

　密集市街地対策は2007（平成9）年に制定された「密集市街地における防災街区の整備の促進に関する法律」（以下「密集法」という。）に網羅されている。
　基本的要素は、以下の4点に整理される。
① 　延焼遮断帯となる都市計画道路の整備
② 　都市計画道路の沿道で、延焼防止機能を有する建築物の整備
③ 　建築物の共同化とそれに伴う不燃化、耐震化
④ 　建築物の建て替え促進とそれに伴う不燃化、耐震化
　2003（平成15）年改正では、特に①の都市計画道路の整備について、防災街区整備方針での位置づけと防災都市施設の施行予定者の規定が整備され、③については建築物の共同化の権利変換と宅地相互の交換を柔軟に行う防災街区整備事業が創設された。

(2)　密集市街地対策の課題

ア　政府の整備目標

　2011（平成23）年閣議決定の「住生活基本計画（全国計画）」では、「地震等に著しく危険な密集市街地」について、2020（平成32）年度までに概ね解消するという目標を立てている[1]。この「解消」という意味は、密集市街地において、すべての建築物が建て替わるという意味ではなく、不燃領域率（地区面積に占める道路、公園などの空地及び不燃建築物の面積の割合）が40％以上になることを意味する。
　法律制定当初よりも不燃領域率そのものの概念が緩和されてきている[2]が、それにしても、実現のためには地元地方公共団体の多大な努力と地権者の理解と協力が不可欠と考える。

イ　前提条件の変化

　政府の地震調査研究本部が2014年12月に発表した「2014年地震動予測地図」

● 第1章　住民の安全を守る

■図表3　地震等に著しく危険な密集市街地の腑存状況とその推移

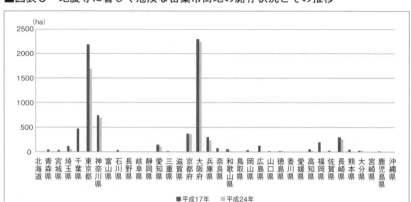

（備考）国土交通省資料による。4)

においては、フィリピンプレートのモデルの深さを浅く設定したなどの理由から、震度6弱以上の地震の発生確率が首都圏で軒並み上昇した。3) このため、東京都心では、より早期に実施可能な対策の必要性が高まっている。

ウ　密集市街地整備の進捗状況

2005年から2012年の間の密集市街地の解消状況をみると、面積は東京都と大阪府が突出して多いなかで、東京都は大幅に減少しているのに対して、大阪府の減少のスピードが遅い。地方部では、市街地再開発事業などの進捗に伴い完全に密集市街地が解消した市町村、県が生じてきている（図表3）。

東京圏では、前述のとおり2014年の地震動予測地図で首都直下地震などの地震確率が上昇しており、近畿圏も上町断層による地震などの可能性から地震確率が高い状況が続いており、早急な対応が必要である。

(3) 今後の密集市街地対策の方向性

今後の密集市街地対策は、以下の五つの方向性に整理できる。
① 既に市街地再開発事業などの面的整備事業及び都市計画道路の整備事業などの事業化が進んでいる地区については、引き続き事業の促進を図る。
② 地権者の権利関係が輻輳しているなど、当面、面的事業の実施が困難な

● 第1節　政策課題〈初級編〉：地震・津波から住民の安全を守る

地区については、避難計画、避難訓練などを内容とする地域防災計画を策定する。そのなかでも、住民の提案に基づく地区防災計画の策定を最優先に進めて、都市直下型の地震が発生した場合にも住民の命だけは助かるような共助の仕組みを構築する。

③　地震の確率が上昇した東京圏や地震確率が依然として高い大阪圏などで、大量の密集市街地が残存している市町村においては、面的整備よりも事業のスピードの速い都市計画道路の整備事業や都市計画公園の整備事業など、全面買収方式の事業への転換を図る。

④　当面、いずれの事業化も難しい地区においては、面的事業や都市計画事業に期待せず、建築物の自律的な建て替え誘導の施策を中心に講じる。

　具体的には、(ⅰ)前面道路の容積率制限や道路斜線制限を緩和する「街並み誘導型地区計画」（都市計画法第12条の10、密集法第32条の5）、(ⅱ)隣地側に壁面の位置の指定等を行った場合に、特定行政庁の許可で建ぺい率が緩和できる「建ぺい率の特例許可」（建築基準法第53条第4項）、(ⅲ)道路の幅員を4mから2.7m以上まで緩和できる、いわゆる「3項道路指定」について、地方公共団体が条例で建築物の敷地面積の最低限度、集客を目的とする建築物の制限、建物の防火性能の確保、消防設備の設置、二方向避難の確保などの条件を付加する仕組み（建築基準法第43条の2）などを活用しつつ、建築物の建て替え促進を図る。

　この施策を実施する際も、地域防災計画、その中でも住民の提案に基づく地区防災計画の策定を同時に進めて、災害時の安全性をよりいっそう高めることが重要である。

⑤　なお、建物の自律的な建て替えを促進するに当たっては、いわゆる「路地」の雰囲気を残して、従来からの地域コミュニティを維持するニーズが高い場合、また、対象地区が住宅用途の区分所有建物（いわゆる「分譲マンション」）のニーズが現在及び将来とも乏しい場合には、敷地規模が小さい、いわゆる「ミニ戸建て住宅」での準耐火性能での建て替えを許容するなど、地域の実情にあった規制緩和措置を講じるべきと考える。

● 第1章　住民の安全を守る

2 ｜ 南海トラフ巨大地震に備えた防潮堤計画と土地利用計画

(1) 防潮堤計画の枠組み

　津波を防ぐ公共施設として通常いわれる「防潮堤」については、海岸法第3条第1項に規定する海岸保全施設として位置づけられ、海岸管理者（国又は都道府県が原則）が整備を行う。国が直轄事業で工事する場合の負担割合は、同法第26条に明記されており、都道府県が整備する場合の国の負担金も同法第27条に明記されている。

　「津波防災地域づくりに関する法律」第2条第10項に規定されている津波防護施設は、二線堤などを想定していたが、法律上は同法第9条で「予算の範囲内において…補助する」という規定になっており、実際には予算措置が十分にはなされていない。

(2) 津波避難施設、避難計画や土地利用計画などのソフト対策

　ソフト対策は、国のレベルでやや混乱した状況にある。内閣府が中心となっている防災計画の総合的な枠組みとして、災害対策基本法第12条に規定されている中央防災会議が、全省庁、全地方公共団体に対して、「総合的な南海トラフ巨大地震対策に伴う対策について」[5]において、防潮堤からソフトの対策まで、まとまった方針を示している。原則として他の省庁及び地方公共団体は、この方針に基づく南海トラフ巨大地震の対策を講じるべきである。

　また、内閣府が協力しつつ議員立法で制定された「南海トラフ地震に係る地震防災対策の推進に関する法律」では、同法第4条に基づき、中央防災会議が「南海トラフ地震対策推進基本計画」を策定しており[6]、さらに、第12条に基づき市町村が「津波避難対策緊急事業計画」を策定した場合には、第13条に基づき、避難施設、避難路などの整備のための補助率を引き上げる特例が設けられている。

　これに対して「津波防災地域づくりに関する法律」第3条に基づく、国土交通大臣が定める「津波防災地域づくりに関する基本的な方針」[7]について

● 第1節　政策課題〈初級編〉：地震・津波から住民の安全を守る

■図表4　「逃げ地図」の例（陸前高田市米崎地区）

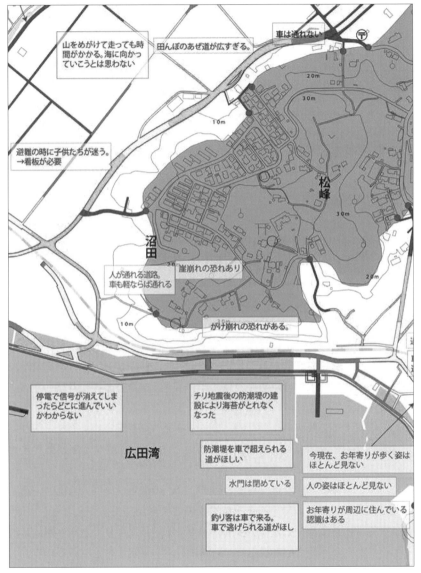

（出典）：「米崎逃げ地図」より抜粋、山本俊哉先生提供（国土地理院基盤地図情報基本項目JPGIS形式584145）

も、同様に避難施設や避難計画などについての記述がある。しかし、同法では、特に避難施設や避難計画についての特別の支援措置が存在せず、また、国土交通大臣の所管する行政分野だけで避難施設や避難計画が完結するわけでもない。このため、現場の地方公共団体の職員にとってわかりにくいものとなっている。

なお、南海トラフ巨大地震に伴う津波のソフト対策としての土地利用計画の考え方を明確にした方針は存在しない。

(3) 防潮堤などのハード対策と土地利用計画などソフト対策の方向性

ア 防潮堤の高さ

防潮堤の高さについては、東日本大震災の際に示された、中央防災会議の「南海トラフ巨大地震対策について」(2013年5月) に記述されているとおり、「発生頻度は比較的高く、津波高は低いものの大きな被害をもたらす津波」に対するいわゆるレベル1の対応を原則とすべきである。

しかし、この高さについては東日本大震災の際に出された海岸部局の課長通知で明記されたように、「海岸機能の多様性への配慮、環境保全、周辺環境との調和、経済性、維持管理の容易性、施工性、公衆の利便等を総合的に考慮しつつ、海岸管理者が適切に定める」[8]とされており、レベル1の津波高さをそのまま機械的に防潮堤の高さとすべきではないと考える。

東日本大震災の際には、戦後初めての大規模な津波災害からの復興計画を早急に策定する必要があったため、まず防潮堤の高さを定め、それに基づいて土地利用計画や防災集団移転促進事業、土地区画整理事業などを考えていった。

しかし、災害の予防段階である現時点では、南海トラフ巨大地震の防潮堤の高さについては、海岸事業と復興事業のどちらが「主」でとちらが「従」ではなく、相互に調整をしつつ、効率的な予算執行により、どう早期に実現していくかという観点を重視して、防潮堤計画を策定すべきである。[9]

イ 土地利用計画などソフト対策

避難計画や避難施設については、先に述べたとおり、内閣府の制度体系と

● 第1節　政策課題〈初級編〉：地震・津波から住民の安全を守る

国土交通省の「津波防災地域づくりに関する法律」の体系があるが、多省庁が関係する施策の総合性と、避難施設、避難計画などに対する補助率かさ上げ措置などの実際のメリットもあることから、内閣府の制度体系を基軸として考えるべきである。

特に、南海トラフ巨大地震がいつ発生するかわからない一方で、防潮堤の工事は災害予防段階では地元負担も大きく、進捗に時間がかかることが予想される。

その場合に、最も早期に政策効果が現れ、住民の命を救うのは「逃げ地図」の作成とそれに基づく地域住民の発意による地区防災計画の策定と考える（図表4）。この際には、避難行動に支援を要する高齢者などを地域住民がどう助けあって避難していくかといった細部にわたる住民の参加協力の計画も策定することが重要である。[10]

この究極のソフト対策を実施しつつ、どうしても短期間の津波到達によって後背地の避難が十分に確保できない地区については、津波避難施設や津波避難路の整備を、補助率のかさ上げを受けて早急に整備することによって、とりあえずの避難によって生命の安全性を確保する。

その次の段階としては、低地で津波の被害を受けることが確実な地域から、学校、福祉施設、高齢者の住宅などを高台に移転する防災集団移転促進事業について、予防段階でも高率な補助であることも活用しつつ、事業計画を策定していく。同時に、低地についてはピロティ型の構造とし一階での居住を禁止する住宅の建築を誘導するとともに、公共建築物については、一部を高層化することを内容とする災害危険区域の適用も同時に検討する必要がある。

いずれにしても、地元市町村が大きな財政負担をせず、また、当面、防潮堤が整備されなくても、市町村の防災や都市計画の職員が協力して住民の命を最優先で守る観点から、すぐにできるソフト政策を着実に進めていくことが肝要である。

3　まとめ

首都直下地震や南海トラフ巨大地震が、いつ起きるか、どのような被害を

● 第1章　住民の安全を守る

もたらすかについては、様々な予測は行われているものの、現時点の科学の水準では正確に予測することは困難である。また、国と地方公共団体の厳しい財政難から、巨額の予算と体制整備が必要となる事業は円滑に進まないことも予測される。
　このような現状を直視すれば、巨大なハードのプロジェクトや面的な市街地整備事業だけに頼るのではなく、避難計画を中心とした地区防災計画をはじめとする地域防災計画、さらには小規模な避難施設や防災公園、土地利用規制によって民間地権者による自主的な建築活動の適切な誘導をするといったソフト対策を一層充実し、ハード対策との連携を強化することが、国民の「命を守る」政策として今求められていると考える。

■注
1）http://www.mlit.go.jp/jutakukentiku/house/torikumi/jyuseikatsu/kihonkeikaku.pdf
2）不燃領域率の定義について、以下参照。http://www.uraja.or.jp/town/system/2010/doc/201002_01.pdf
3）http://www.jishin.go.jp/main/chousa/14_yosokuchizu/index.htm#k
4）http://www.mlit.go.jp/kisha/kisha03/07/070711_.html
　　http://www.mlit.go.jp/report/press/house06_hh_000102.html
5）http://www.bousai.go.jp/jishin/nankai/taisaku_wg/pdf/20130528_honbun.pdf
6）http://www.bousai.go.jp/jishin/nankai/pdf/nankaitrough_keikaku.pdf
7）http://www.mlit.go.jp/common/000188287.pdf
8）http://www.mlit.go.jp/common/000149774.pdf
9）第2節Ⅱ4参照
10）同上

■参考文献
1）『密集市街地整備法の解説』（大成出版社、1997年）
2）八木寿明「密集市街地の整備と都市防災」（『レファレンス』2008年5月号）
3）国土技術政策総合研究所『密集市街地整備のための集団規定の運用ガイドブック』
　　http://www.nilim.go.jp/lab/bcg/siryou/tnn/tnn0368.htm
4）西村幸夫『路地からのまちづくり』（学芸出版社、2006年）
5）谷下雅義編著『震災復興における土地利用と交通』（日本交通政策研究所、2015年）
6）片田敏孝『人が死なない防災』（集英社、2012年）
7）『災害対策基本法改正ガイドブック』（大成出版社、2014年）
8）西澤雅道ほか『地区防災計画制度入門』（NTT出版、2014年）

第2節

政策課題〈応用編〉
住民の安全のためにできること

I 復興まちづくり制度の使い方

　日本はこの20年間に、阪神・淡路大震災及び東日本大震災という巨大災害にみまわれ、さらに今後、首都直下地震や南海トラフ巨大地震などの巨大災害も予測されている。

　ここでは、筆者が、阪神・淡路大震災及び東日本大震災の復興政策に係わった経験を活かして、人口減少社会や厳しい財政事情という我が国が抱える経済社会条件の中で、今後の防災都市計画及び防災都市計画事業（以下、「防災都市計画・事業」という。）のあり方をどう転換していくべきかを明らかにする。

　なお、「防災」という用語について、本項においては、法令上最も広い用語法である内閣府設置法第4条第1項第7号の規定に従い、災害予防、災害応急、災害復旧、復興の全体をカバーするものと定義する。このうち、災害予防から発災後の応急、災害復旧、復興というプロセスは円環をなすものであり（図表5）、災害予防で準備又は実施していた防災都市計画や防災都市計画事業の計画が、発災による修正を受けつつも、基本的には維持されて災害復旧、復興事業に受け継がれていくというのが、防災都市計画のあるべき姿である（逆にいえば、災害予防段階で行っていた事業が、発災の際に人の生存確率を上げる面や財産を守る面で役に立たないのであれば、その災害予防段階での防災都市計画・事業が適切でなかったことになる。）。

● 第1章　住民の安全を守る

■図表5　災害対策の各段階と都市計画の出番

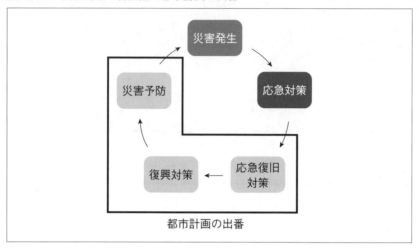

1　防災都市計画・事業の制度設計

(1)　政策上の前提

　人口減少社会で、国及び都市の財政が厳しいという経済社会条件の下で、防災都市計画・事業の制度設計を見直すに当たっては、次の二つの項目を政策上の前提とすべきである。
　① 　次世代につけをまわさない計画・事業とすること
　災害予防段階及び復旧、復興段階を規律する防災都市計画・事業は、将来世代へ引き継ぐべき国土像、都市像を形成するものであり、その整備の財源や維持管理費用は、建設国債などを通じて、まだ生まれていない次世代に引き継ぐものである。そのため、現世代の国民及び計画策定者、事業執行者が次世代に無駄なつけをまわさないよう厳しく自制していく必要がある。
　② 　地域住民の理解と協力を得ながら進めること
　できるだけ現世代において必要な負担を負い、次世代につけをまわさない、防災都市計画・事業とするためには、その利益を受ける地域住民自らが

● 第2節　政策課題〈応用編〉：住民の安全のためにできること

負担をし、その計画の質を地域共同体の活動や共助として維持していくことが必要である。災害に関することは専門家に任せるべきといった「人まかせ」の計画ではなく、受益者である地域住民が自ら負担をし、安全なまちを維持して次世代に引き継いでいくことが可能となるよう、計画策定や事業の執行に当たっては、地域住民の主体的参加を求めていくことが必要である。

(2) 制度設計に当たっての留意点

防災都市計画・事業の制度設計を再検証するに当たっては、地域住民だけでなく、制度を最初に運用する地方公共団体職員や都市・防災プランナーなどにとって、わかりやすく、使いやすい、そして効果があがるものとする必要があり、以下の四つの観点に留意すべきである。

① 全災害共通性

都市計画は、国及び地方公共団体にいる専門職員と都市プランナーという民間の専門家にそのノウハウが集約されているものの、地震火災から津波、土砂災害、火山噴火など各種の災害でその基本的な制度の枠組みが異なっていては、専門家が緊急時に混乱してしまい、現場での的確な対応が困難になる。このため、各種大災害に共通して使える仕組みであることが必要である。

② ハードとソフトの連携

災害対応には、大規模な公共施設を整備するハードの部分から、とにかく命を守るために助けあって避難するというソフトの部分までを含んでいる。このハードとソフトの部分を統合して一体的な防災都市計画・事業の制度設計を考えるべきである。

③ 全国土対象

大災害は必ずしも都市計画区域に限って発生するわけではない。国民の命と財産を守るという観点からは、省庁の縦割りを排除し、必要に応じて都市計画区域外にも適用できる防災都市計画・事業を制度化する必要がある。

④ 市町村第一主義

大災害への応急対策は、まず市町村が中心となり、不十分な部分を災害の規模に応じて都道府県、さらには国が支援する仕組みとなっている。これと

● 第1章　住民の安全を守る

連動し、シームレスに応急復旧、災害復興、災害予防へと展開することが必要である。このためには、住民に一番近い立場にいる市町村が中心となって、住民との意見交換を十分に行い、住民の主体的参加を受けて、防災都市計画・事業計画を策定するとともに、各事業者間の事業相互間の調整をすることが適当である。

2 ｜ 提案：これからの防災都市計画・事業の基本的枠組み

今後の防災都市計画・事業の基本的枠組みについて、一番精緻に制度設計されている密集法を基本にして、より一般化、理想化した形で以下の六つを提案したい。

① 災害予防や災害復旧、復興段階での公共施設については、「防災都市施設」として都市計画に位置づけること。各施設管理者は、当該都市計画に従って事業を実施すること。

② 都市施設の概念として、「一団地の防災拠点施設（仮称）」を追加すること。

③ 地区計画の計画事項に、耐火その他の構造に関する事項、地盤高に関する事項などを追加すること。なお、耐火その他に関する事項を追加した地区計画は都市計画区域外でも策定できるものとすること。[1]

④ 地区計画の策定と同時に、地区内の避難活動や備蓄などソフトの防災活動を定める地区防災計画を定めること。

⑤ 地区の防災活動を担うとともに、様々な地区の福祉サービスなどを担う地域共同体組織を制度化し、地区計画、地区防災計画の策定にあわせて、地域共同体組織の立ち上げを行うこと。

⑥ 面的整備事業は、「一団地の防災拠点施設（仮称）」による全面買収事業を中心とし、権利関係が複雑な地区など全面買収方式が難しい地区については、地区施設及び建築物の計画内容について地域住民の主体的参加に基づいて地区計画を策定する。この地区計画に即して、換地方式である土地区画整理事業によって整備する。市街地再開発事業は東京都心など、床需要が強い地区を除いて適用は極めて慎重に検討する（市街地再開発事業を

● 第２節　政策課題〈応用編〉：住民の安全のためにできること

■図表６　従来と今後の防災都市計画・事業のイメージ図

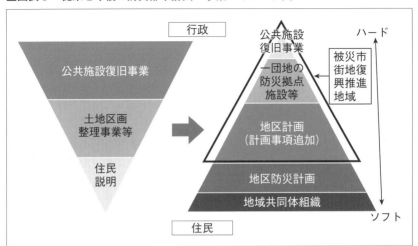

慎重に検討すべき理由は、３（１）ウに後述）。

3　防災都市計画・事業の基本的枠組みの実効性、実用性

　阪神・淡路大震災の復旧・復興事業や東日本大震災の復旧・復興事業、さらには土砂災害などの復興計画の状況等を踏まえると、前述２に提案した基本的な防災都市計画・事業の枠組みは必要でかつ十分なものと考える。

　以下、災害の種類と災害予防段階・復旧復興段階をクロスしつつ、検証していく。まず、（１）から（４）では災害予防段階での災害ごとの検証をする。（５）から（７）では、災害発生後の災害復旧・災害復興段階での検証を行う。

(1) 「地震火災」×「災害予防」段階

ア　地震火災についての災害予防段階の防災都市計画・事業の枠組みは、密集市街地に限って言えば、「密集法」でほぼ整備されている。前述２①「防災都市施設」については、密集法第281条以下で整備されており、③の地区計画の計画事項の追加は密集法第32条第２項で耐火の構造が追加され

● 第1章　住民の安全を守る

ており、⑤の地域共同体組織については、密集法第40条以降で、「防災街区整備計画組合」が創設されている。このうち、防災街区整備計画組合は、新しい法人制度を密集法で創設しているが、現在でも既にNPO法人や合同会社制度などができているので、今後の制度検討に当たっては、指定法人制度で十分である。

イ　密集法は、一定の「密集市街地」を対象としているが、地方都市の駅前商店街や古い中小企業が集積する地区についても、密集法で実現している制度を一般化した、前述2で提示した基本的枠組みが有効と考える。

ウ　ただし、密集法で創設された防災街区整備事業及び地方都市の駅前で通常実施される市街地再開発事業については、人口減少社会においては、東京都心などを除いて商業、住宅などの床需要の減少が予想されることを踏まえる必要がある。特に、市街地再開発事業によって生じる建物区分所有の形態、さらには住宅と商業などの複合的な建物区分所有形態は、区分所有者の合意形成が難しく、将来的に空き住戸、空き床の増加による共用部分の管理の不能化など、次世代への負の遺産となる可能性が高いため、実施することに慎重であるべきと考える。[2][3]

エ　密集市街地など既成市街地での耐火性能の向上のためには、地区計画で構造等を規制しつつ、「街並み誘導型地区計画」などで斜線制限や前面道路の容積率制限の緩和など、規制誘導措置を活用して地域住民の理解を得つつ、段階的な建て替えによって耐火性能を向上させていくことが、現実的な解決策と考える[4]。

オ　さらに地区計画を策定するのにあわせて、避難計画等を内容とする地区防災計画を地区住民が主体的に作成するとともに、地域共同体組織によってその実践活動を継続していくことが重要である。

(2)「地震津波」×「災害予防」段階

ア　地震津波対策は、防潮堤を都市施設として都市計画決定した上で、一定の確率で津波により浸水する地域については、住宅立地禁止、ピロティ形式（一階部分は柱と外部空間）の住宅のみの許容、地盤高の規制などの地区ごとにきめ細かに、地域住民の主体的な参加を踏まえつつ、地区計画で建

● 第2節　政策課題〈応用編〉：住民の安全のためにできること

築物の規制誘導を図ることが重要である。また、高台への避難路などの整備や緊急避難場所の整備を地区計画に位置づけることも必要である。地区計画と地区防災計画、地域共同体組織の活動との連動は、前記（1）オに述べたとおりである。
イ　防潮堤の事業者は県又は国が想定されるが、市町村による防潮堤の都市計画決定に積極的に協力して地区計画や地区防災計画の内容と一体的な防潮堤計画となるように具体的に内容を詰めることが必要である。
ウ　「津波防災地域づくりに関する法律」で制度化された、「一団地の津波防災拠点市街地形成施設」は津波予防だけに創設されているが、すべての災害予防として活用されるべき都市施設であり、2で述べたとおり、「一団地の防災拠点施設（仮称）」として一般的に制度化すべきである。このような面的な防災拠点は、前記（1）のような地震火災の時の防災拠点施設としても有効と考える。[5)][6)]
エ　なお、防災集団移転促進事業によって高台移転が必要な場合には、現在、予算措置のための要件として移転元の土地が災害危険区域である場合に限定されているが、予算の要件を緩和してこれと同等の規制を行う地区計画まで拡大しておく必要がある。

(3)「土砂災害」×「災害予防」段階

ア　土砂災害対策としては、砂防堰堤を都市施設として都市計画決定した上で、土砂災害の危険区域ごとに、一階部分の用途を居室として利用することを禁止する、あるいは、崖側に窓などの開口部を設けないことなど、建物の用途や構造などについて、住民の要望などを踏まえてきめ細かく建築物の規制誘導を行う。同時に、「前面道路の容積率制限」などの緩和措置を組み合わせることによって、規制措置について住民が受け入れやすい内容とする工夫も重要である。[7)]
イ　避難路や避難場所の整備などについて地区計画に位置づけること、地区防災計画や地域共同体組織との連動についても、前述（2）アと同じである。

(4)「大洪水・地震による建物崩壊、竜巻による建物崩壊」×「災害予防」段階

ア　大洪水に対する災害予防としては、既に市街化している地区では、地区計画で高床式の建築物を誘導する、地盤高を規制するなどの土地利用制限をとるとともに、避難計画等、特に広域避難までを含んだ地区防災計画を並行して策定することや地域共同体組織の活動との連動が重要である。

イ　地震による建物崩壊については、原則として建築基準法に基づく耐震基準や耐震改修促進法に基づく支援措置で対応すべき事柄であるが、例えば、技術的な知見が深まり活断層地震の発生確率が高い地区が明確になってきた場合には、地区計画でその地区のみ地域地震係数を上乗せする措置を可能とすべきである。[8]

ウ　竜巻についても、竜巻常襲地域が明確に予測できる場合には、地区計画で基準風速を建築基準法の基準よりも上乗せする措置を可能とすべきである。

エ　地震による建物崩壊や竜巻については、地区計画の策定に加え、地域での避難計画や共助の仕組みを定める地区防災計画や地域共同体組織の活動が、より重要と考える。

(5)「地震火災」×「災害復旧・災害復興」段階

ア　地震火災での災害復旧、災害復興に当たっては、建築基準法第84条の規定に基づき、特定行政庁の指定により最大2か月間の建築の制限又は禁止をかける。ただし、この規制は住民手続を一切経ないものであることから、速やかにイに記載する被災市街地復興推進地域に移行する。

イ　「被災市街地復興推進地域」とは、都市施設の整備、土地区画整理事業、市街地再開発事業、地区計画の決定などの計画を地権者の意向を踏まえて決めるために2年間の猶予を与える制度である。必ずしも被災市街地復興推進地域内で土地区画整理事業等の市街地開発事業を実施する必要はないので、注意されたい[9]。都道府県知事（市の区域の場合には市長）が、必要に応じて柔軟に自力建設を許可することも可能である。もちろん、被災市

● 第2節　政策課題〈応用編〉：住民の安全のためにできること

街地復興推進地域内での仮設住宅の建設も可能である。
ウ　人口減少が見込まれる都市（東京都心部やブロック中枢都市以外はほとんどすべての都市が該当）については、中枢機能を集約してその周辺に商業や業務機能、居住機能を配置する都市機能の構造の見直しも、当然求められる。その場合、「一団地の防災拠点施設（仮称）」（現行法では、復興段階に限定して、「大規模災害からの復興に関する法律」第41条の「一団地の復興拠点市街地形成施設」という位置づけになっている。）を都心部において都市計画決定して、全面買収方式で整備する。そして、周辺は地域住民の意向と参加を踏まえ、区画道路などの地区施設の配置や建築物の耐火性能などの合意形成を図った上で、必要があれば地区施設を整備するために、土地区画整理事業を実施する。
エ　市街地再開発事業については、（1）ウで指摘した点と同じ課題から慎重に検討すべきである。
オ　「一団地の防災拠点施設（仮称）」やその周辺の地区計画の策定と並行して、地区住民の避難計画などを内容とする地区防災計画を地区住民が主体性をもって作成する。それとともに、地域住民の共助活動を行う地域共同体組織との連動が重要である。

(6)「地震津波」×「災害復旧・災害復興」段階

ア　巨大津波に対する災害復旧、災害復興の初動期対策としては、（5）アに述べたのと同じく、建築基準法第84条の建築制限の指定を最大2か月間かける。その後、都市計画区域については個別の事業の実施の有無にかかわらず、被災市街地復興推進地域を都市計画決定することが適切である。
イ　この際、東日本大震災の反省を踏まえると、防潮堤を防災都市施設と位置づける[10]とともに、「一団地の防災拠点施設（仮称）」と建築物の構造や地盤高を含めた地区計画、さらに避難計画などを内容とした地区防災計画、さらに、地域共同体組織の活動を市町村が主体的に復興計画の中で位置づけていく必要がある。
ウ　南海トラフ巨大地震による巨大津波は、人口減少都市を襲うことが想定されることから、「一団地の防災拠点施設（仮称）」を全面買収方式で先行

して整備し、早期に復旧を図る。さらに、土地区画整理事業をその周囲で実施する場合にも、本来、津波からの安全性を確保するための盛り土事業であるという趣旨を十分踏まえ、地区住民に道路拡幅などの特段の意向がなければ、区画道路なども現道を尊重するとともに、盛り土の工事期間を短縮するために、ピロティ形式など建築物の構造などを地区計画で定めることによって、地権者の合意形成を促進し、早期に自力再建の実現ができるよう土地区画整理事業の運用を工夫すべきである。

エ　防災集団移転促進事業についても、移転先を災害復興公営住宅と連携しつつ希望者数に見あった戸数の住宅団地とすること、用地買収には「一団地の住宅施設」という都市施設の制度を活用し、収用委員会の不明裁決などによって円滑な取得を行うなど、都市計画事業手法を徹底的に使いこなすことが必要である。

(7)「土砂災害・大洪水・地震による建物崩壊、竜巻による建物崩壊」×「災害復旧・災害復興」段階

ア　土砂災害の災害復旧、復興段階の防災都市計画については、(3)で述べた災害予防の段階の対応と基本的に同じである。砂防堰堤を防災都市施設として都市計画決定するとともに、地区計画で地域の特性に即した構造も含めた制限を行いつつ、避難計画などソフト面での地区防災計画と連携した計画づくりと、地域共同体組織による共助活動との連動が必要である。

イ　大洪水、地震による建物倒壊、竜巻による建物倒壊からの災害復旧、復興のための防災都市計画も、(4)の災害予防段階の措置と同じく、地盤高、地震係数、基準風速など、技術的知見が確実になった場合には、地区計画での上乗せ基準を定めることを可能とする措置を講じて、新たに建築される建築物が再度災害にあわない対応をとることが重要である。これらについても、避難計画などのソフト面での地区防災計画、さらにそれを支える地域共同体組織の活動との連動が重要である。

● 第2節 政策課題〈応用編〉：住民の安全のためにできること

4 まとめ

　1～3で検証したとおり、従来、公物管理者が独自に計画し整備してきた各種の公共施設について、防災都市施設として都市計画決定をするとともに、地域住民の意向や主体的参加に基づき、計画内容を充実させた地区計画を定める。並行して、地域住民の避難活動などを内容とする地区防災計画を策定し、地域共同体の組織化を図りつつ、大規模災害の災害予防及び災害復旧・復興段階について、いっそうの地域住民の主体的な参加を求める。そうすることで、次世代につけをまわさない防災都市計画・事業の実施が可能となると考える。

　なお、現時点においては、復旧・復興段階における防災都市計画・事業に関する制度として、「被災市街地復興特別措置法」と「大規模災害からの復興に関する法律」の二本立てとなっている。関係者にわかりやすいように、災害規模別に適用できる制度を以下に整理しておくので参考にしてほしい。

■参考　災害の規模別の防災都市計画・事業の適用内容
1　小規模な災害を含めた全災害に適用があるもの
(1) 最初の復興対策としては、特定行政庁（建築主事がいる市町村、いない場合は都道府県）が建築基準法第84条に基づいて都市計画、土地区画整理事業の実施の可能性のある地域について、建築物の建築を制限又は禁止する。特段の住民手続はいらない。この制限又は禁止は2か月が限度である。
(2) 次に、被災市街地復興特別措置法の被災市街地復興推進地域における都市計画決定手続を準備して、土地区画整理事業、市街地再開発事業や住宅局所管の任意事業などなんらかの事業の実施可能性のある地域を対象に制限をかける。対象地域は都市計画区域内であれば市街化調整区域であっても未線引き用途の白地地域でもかけることができる。この都市計画決定の結果として、建築物の建築や防潮堤を含めた土木工事については知事（市の区域は市長）の許可が必要となる。
(3) 注意を喚起したい点としては、阪神・淡路大震災や東日本大震災におい

●第1章　住民の安全を守る

ては、土地区画整理事業の実施区域に限って被災市街地復興推進地域の決定をしているが、必ずしも法定事業を実施する区域にかぎらず、住宅局所管の任意事業やそれすら実施しない区域であっても、その対象とすることができることである。この被災市街地復興推進地域の制限は2年間だが、2年の間に具体的な区域について土地区画整理事業、市街地再開発事業、任意事業など、住民の意向も聞きながら事業を選択することを目的としている。被災市街地復興特別措置法第7条第3項第2号で、地区計画を策定した場合には、被災市街地復興推進地域の制限が解除される仕組みになっているのは、任意事業でも、さらに極端にいえば特段の面的事業と称するものが実施されなくてもいいことを意味している。

(4) 被災市街地復興推進地域の中では、土地区画整理事業について、復興共同住宅区という換地の特例が認められているほか、土地区画整理事業の清算金に代えて、地区内又は地区外に土地区画整理事業の施行者（通常は市町村が多いと考える。）が住宅を建設し被災者に供給することができる。この規定は、まだ使われたことがないが、土地区画整理事業と一体的に戸建て、共同住宅が建設できる仕組みなので、土地区画整理事業関係の技術者の検討を期待したい。

(5) また、被災地の市町村の区域内では、独立行政法人都市再生機構が市町村の業務を受託して、土地区画整理事業や災害公営住宅の建設ができる規定が措置されているので、都市再生機構との連絡を早期にとることが望ましい。

2　国の災害対策本部が設置される規模の災害（概ね死亡者100人程度以上。以下「大災害」という。）

(1) 大災害の場合には、大規模災害からの復興に関する法律第42条に基づき、前記1（2）の被災市街地復興推進地域の都市計画決定について、市町村が事務手続を実施できない場合には、都道府県又は国土交通省が代行できるようになっている。都道府県が都市計画決定する場合には、審議会手続は都道府県都市計画審議会で、国土交通大臣が都市計画決定する場合には、社会資本整備審議会で実施することになる。

● 第2節　政策課題〈応用編〉：住民の安全のためにできること

　　このため、都市計画手続を実施する体制を準備できない市町村の職員は、早期に都道府県の都市計画部局、都道府県の都市計画部局も機能していない場合には、国土交通省地方整備局に相談することが望ましい。
(2) なお、道路、河川、下水道など公共施設の復旧工事についても、大災害発生時には都道府県又は国が代行して実施することができる（大規模災害からの復興に関する法律第43条から第52条）。

3　国の緊急対策本部が設置される規模の災害（概ね死亡者1000人以上。以下「巨大災害」という。）
(1) 巨大災害が発生した場合には、大規模災害からの復興に関する法律がすべて活用できる。まず、早期に政府が復興推進本部を立ち上げて、人口の見通し、土地利用方針などからなる復興基本方針を策定するので、それに従って市町村は復興計画の策定をすることが求められる。具体的には、人口減少社会、高齢化社会を踏まえて、過大な計画を策定しない判断が求められる。
(2) この復興計画に基づいて、様々な許認可のワンストップ化や土地改良事業と土地区画整理事業の一体化した復興一体事業も実施可能となる。ただし、この制度は農林水産部局と都市整備部局の調整が大変なので、東日本大震災でも実績がない。
(3) 特に重要なのは、巨大地震が発生した場合の被災地においては一団地の復興拠点市街地形成施設に関する都市計画が使えるようになること。これは東日本大震災においては予算制度上「津波復興拠点整備事業」と呼ばれているもので、先導的な復興を行うために、都市施設として市街地の核となる地区を指定して買収型で単純かつ迅速に事業を進めることができる。対象地域は、都市計画区域内外を問わない。
　　この都市計画の財政措置については、他の制度の財政措置とも併せて、大規模災害からの復興に関する法律第57条で必要な措置を講じることになっている。被災市町村においては、この財政上の措置をきちんと把握した上で、早期に一団地の復興拠点市街地形成施設の都市計画決定を積極的に活用することが望まれる。

● 第1章　住民の安全を守る

(4) また、東日本大震災の被災地で問題となった都市計画技術者の人材不足についても、巨大災害については、同様に人材不足が想定される。このため、大規模災害からの復興に関する法律第53条で国土交通省など関係行政機関に対して、職員の派遣の要請を、内閣総理大臣に対しては同法第54条で職員の派遣の斡旋を求めることができることになっている。市町村の復興担当職員は、人材不足、マンパワー不足に対して、早期に関係行政機関や内閣府防災担当に連絡をとることが必要である。

(5) 巨大災害が発生した場合に、東日本大震災の際と同様に、復興計画の作成支援として国の直轄調査が実施されることが想定されるが、今後の国の直轄調査としては、都市計画、住宅、農地、漁村などを含めた総合的な復興計画につながるよう、省庁や局の縦割りを排除した直轄調査の実施が必要であり、まず、内閣府防災担当がその指揮をとるべきと考える。

■注
1) 都市計画法に基づく防火地域、準防火地域を外して独自の防火条例を定めた事例として「京都市伝統的景観保全に関する防火上の措置に関する条例」がある。以下のURL参照。　http://www1.g-reiki.net/kyoto/reiki_honbun/k102RG00001083.html
　また、地区計画を都市計画区域外でも適用するのに参考になる事例として、景観法第74条の準景観地区の事例がある。
2) 地方都市の駅前の市街地再開発事業で創出した床での商業店舗経営の問題点については、木下斉氏ほかの論考参照。
http://www.minto.or.jp/print/urbanstudy/pdf/u58_01.pdf
3) エリア・イノベーションレビュー、No126参照。以下のURLで購読可能。　http://areaia.jp/item/magazine-29.php
4) 地区計画等を活用して、密集市街地等の耐火性能を向上させる取組みを整理したものとして、以下の国土技術政策総合研究所の論文集参照。　http://www.nilim.go.jp/lab/bcg/siryou/tnn/tnn0368.htm
5) 国土交通省は、東日本大震災を踏まえて、復興関係の法律は、東日本大震災に限定した特例法が制定される一方で、津波災害の予防に特化した「津波防災地域づくりに関する法律」を国会に提出し法律を制定した。この法律は、土砂災害防止法をモデルにして、国土交通大臣又は都道府県知事が、従来の防潮堤に加え、津波防護施設を整備するとともに、都道府県知事が警戒区域、特別警戒区域を定め、開発行為を制限することにしている。このうち、津波防護施設は、予算制度が十分存在しないので実際には適用が難しい。また、公共施設計画や特別警戒区域などの土地利用制限の主体が、都道府県知事という、通常、土地利用制限を自らが行わず、また、住民から遠い主体に委ねている点で

● 第2節　政策課題〈応用編〉：住民の安全のためにできること

疑問がある。住民の命や財産に最も身近である市町村長の意見と知事の意見が食い違う場合に、知事の意見が尊重されるというようなことは、P28 1（1）②「住民の理解と協力を得る」という政治思想的前提や1（2）④の「市町村第一主義」とも反するおそれがある。

6)「一団地の津波防災拠点市街地形成施設」は、都市施設として決定する区域に建築物が存在しないことを条件としているが、本来、都市施設という土地収用対象となる施設整備事業を実施できるかどうかは、その施設の公共性如何にかかっているのであって、その対象地域が農地か建築物がある敷地かどうかで公共性の判断が変わるものでは原則としてないと考える。もちろん、正当な補償をすること、その建築物で営まれていた生活の補償を的確に対応することは当然だが、建築物だけをとりあげて、それが存在しないことを要件とする都市施設、土地収用対象事業という考え方には疑問がある。

7) 2000年に国土交通省河川局が中心に立案した「土砂災害警戒区域等における土砂災害対策の推進に関する法律」（以下「土砂災害防止法」という。）では、都道府県知事が警戒区域、特別警戒区域を設定することになっており、土地利用制限を通常行わず、また、住民から遠い主体である都道府県知事に委ねているということで、「津波防災地域づくり法」と同じ問題点を持っている。また、特別警戒区域での建築物の構造制限というのも、正面から議論すれば土砂災害に耐えられる建築物構造はトーチカのようなものとなってしまい、現実性がない。また、住宅立地禁止や住宅の一階の用途制限ということも、土砂災害防止法では対応できないので、防災都市計画の手法としては使いにくいものになっている。

8) 横須賀市では活断層上の建築物を地区計画で制限している。活断層上の建築物の誘導に関しては以下のURLの論文参照。　http://www.mlit.go.jp/common/000037325.pdf

9) 被災市街地復興推進地域における建築行為、開発行為の規制について、阪神・淡路大震災の時には、神戸市において、土地区画整理事業の都市計画制限より厳しいとの理解があったようだが（中山久憲『神戸の震災復興事業』学芸出版社、2011.9.15）、誤解である。柔軟に建築行為、開発行為の許可をすることは可能である。

10) 巨大津波に関する防潮堤の高さについては、比較的頻度の高い津波に対しては防潮堤で対応し、それ以上の低頻度の巨大津波については土地利用などで対応するという方針が中央防災会議及び国土交通省等で示されているが、今後の南海トラフ巨大地震に伴う巨大津波などに対して、このような方針で防潮堤を整備することが現実的なのかどうかも含めて、政策当局及び学識経験者において再検証されることを希望する。その際に、日本大学の谷下雅義先生の指摘されている、海が見えることが適切な避難行動に重要との指摘も含めて検討してほしい。　http://ci.nii.ac.jp/naid/130004557099。この基準の策定の経緯等については、拙稿参照。　http://www.minto.or.jp/print/urbanstudy/pdf/u58_08.pdf

■参考文献
1) 川崎興太『ローカルルールによる都市再生』（鹿島出版社、2009年）

● 第1章　住民の安全を守る

2)　森本信明ほか『まちなか戸建』（学芸出版社、2008年）
3)　後藤治ほか『それでも木密に住み続けたい』（彰国社、2009年）
4)　西山康雄『日本型都市計画とは何か』（学芸出版社、2002年）
5)　「季刊まちづくり37号」（学芸出版社）
6)　坪郷實『参加のガバナンス』（日本評論社、2006年）
7)　安藤元夫『復興都市計画事業・まちづくり』（学芸出版社、2004年）
8)　日本建築学会『大震災に備える』（日本建築学会、2010年）
9)　西山康雄『危機管理の都市計画』（彰国社、2000年）
10)　山崎登『地域防災力を高める』（近代消防社、2009年）
11)　「建築雑誌」（日本建築学会、2013年）
12)　片田敏彦『人が死なない防災』（集英社、2012年）
13)　大西隆ほか『東日本大震災　復興まちづくり最前線』（2013年）
14)　松永桂子『創造的地域社会』（新評論社、2012年）
15)　ブキャナンほか『赤字財政の政治経済学』（文真堂、1979年）
16)　五十嵐太郎ほか『3.11以後の建築』（学芸出版社、2014年）
17)　細田雅春『生む』（日本建設通信新聞社、2014年）
18)　岡本正『災害復興法学』（慶應義塾大学出版会、2014年）

Ⅱ　阪神・淡路大震災、東日本大震災の復興対策及び恒久対策からみた今後の課題

　今後、首都直下地震などの大都市直下地震・地震火災が起きた場合、阪神・淡路大震災の復興政策とその教訓はとても役に立つ。また、南海トラフ巨大地震などによる津波災害が起きた場合、東日本大震災の復興政策は非常に重要である。

　本項では、それらの点を整理しつつ、大規模災害からの復興に関する法律などに基づく近年の恒久制度について解説するとともに、それを踏まえてもまだ残っている課題について図表7で整理し、解説する。また、東日本大震災の復興都市計画について、いくつかの点で詳細に分析する。

● 第2節　政策課題〈応用編〉：住民の安全のためにできること

1 「大規模災害からの復興に関する法律」からの視点

(1) 法律の概要

　この法律は、東日本大震災において、法律に基づく復興対策の実施に遅れが生じたことを踏まえ、大規模な災害が発生した場合の政府の体制、政府の基本方針とその定めるべき事項、市町村の復興計画とその定めるべき事項、復興事業を実施するに当たっての様々な特例を整理し、次の巨大災害に備えて法制化したものである。

(2) 「大規模災害からの復興に関する法律」からみた復興都市計画の再検証の視点

　この法律は東日本大震災の復興には適用されないものの、法制上、東日本大震災の復興過程で課題となった論点を踏まえて立案されたものである。この法律に新たに加えられた視点は、今後の復興都市計画の視点として重要である。

　例えば、政府の復興基本方針においては、人口の将来見通しや土地利用の方針を定めることとしている。この観点は、復興事業が少子高齢化の中で無駄で過大な投資とならないようにするためにも重要である。しかし、残念ながら、東日本大震災においては、被災地の人口の将来見通しや土地利用の方針が示されることはなかった。

　そのほか、この法律で義務づけられた市町村が復興計画を策定する際の住民参加手続や、都道府県が管理する部分が多い防潮堤について、都市施設として都市計画決定を行う手続などについても、東日本大震災の復興過程では十分に実施されなかった可能性がある。その他、この法律に基づく再検証の視点については、第2節Ⅰ参照。

● 第1章　住民の安全を守る

■図表7　阪神・淡路大震災、東日本大震災などの復興政策と残された課題

	阪神・淡路大震災	東日本大震災	現時点での恒久的枠組み	今後の課題
災害の全体像と対応の基本方針	戦後最大の都市直下地震。国土交通省都市局、住宅局対応でほぼ対応可能	戦後最大のトラフ地震、津波災害。国土交通省都市局、住宅局だけでなく、河川、港湾、農林水産省など多省庁にわたる対策が必要		①ハード中心ではなく、ソフトを重視して、復興の本来目的である生活再建と経済の復興を実現する仕組み、体系整理 ②地域共同体組織や避難計画などの地区防災計画を前提として、土地利用規制やハード整備といったボトムアップ型の制度体系 ③仮設住宅など応急対策と復興対策、災害予防対策のシームレスな制度体系 ④住民主体、市町村第一主義の復興計画策定、計画調整
国の組織	阪神・淡路大震災復興対策本部、阪神・淡路大震災復興推進委員会	東日本大震災復興対策本部、東日本大震災復興構想会議（東日本大震災復興基本法）、復興庁、復興推進会議（復興庁設置法）	復興対策本部、復興対策委員会	①復興庁の総合調整機能よりも強い権能、例えば、応急時の緊急対策本部長のような各大臣、都道府県知事等への指示権付与の検討 ②常設の「防災・復興庁」のような国の機関の検討（原子力防災は一体の組織とすべきか、戦争に係わる国民保護などの課題は別組織にすべきか？）
復興の理念	生活の再建、経済の復興（阪神・淡路大震災復興の基本方針及び組織に関する法律）	活力ある日本の再生を視野に入れた抜本的な対策	生活の再建及び経済の復興	巨大災害を契機に被災地以外の地域までハード事業を実施しようとすることを抑制できる政治家の良心に期待
仮設住宅	①プレハブ建築協会が一括して仮設住宅建設をし、早期の戸数は確保 ②木造仮設は建設せず、住民から要望のあった住民保有の住宅敷地での仮設建設も行わず	プレハブに加えて、木造仮設、コミュニティ施設、みなし仮設の多用	①災害救助法の規定のみ ②東日本大震災での単価の特例など災害の都度の特例が積み上がっているが、今後の災害への事前明示的なルールができていない	①災害救助法の中で仮設住宅の扱いは建築基準法などの規制の問題、木造仮設、本設への移行といった技術的課題あり ②空き家が多い現状では、みなし仮設をバウチャーのように対応する方策も検討すべき。手続の簡素化も重要 ③本設の公営住宅などとの土地の取り合いが起きないような事前準備も重要
応急復旧対策	財政状況に応じて若干の地方負担	地方負担は全額震災復興特別交付税で措置	国、都道府県の代行規定の恒久化	①防潮堤などの応急復旧事業についても、市町村の行う復興計画に先行するものではなく、一体的に計画し、市民や市町村の意向によっては、防潮堤など災害復旧事業の計画を修正する柔軟性のある計画立案の姿勢が重要 ②特に、L1、L2の議論についても、本当にL1対応はハードが必要なのか、防災集団移転促進事業で高台に移転したら、高潮堤ぐらいの高さでいいのではないか、もっといえば、完全に移転しなくても、市民が地区防災計画で避難計画をきちんとたてていれば、防潮堤の高さを下げるといった、柔軟な計画論が土木施設技術論でできないのか？

● 第2節　政策課題〈応用編〉：住民の安全のためにできること

	阪神・淡路大震災	東日本大震災	現時点での恒久的枠組み	今後の課題
復興計画	法令上の位置づけなし（兵庫県と県内各市町作成）	①復興推進計画（規制緩和）、復興整備計画（事業計画）、復興交付金計画 ②「特区」という名称が復興基本法段階で先行したため、特区に三つの計画が入っている複雑な体系 ③これとは別に第一次補正で国土交通省都市局の直轄調査を実施、これにより整備手法が固定化したきらいがある ④人口フレームについての国からの指示がなかったため、各市町村が楽観的で過大なフレームを設定 ⑤また、事業進捗に併せて事業地区外での自主再建が増えているのに、円滑に事業規模の縮小ができなかった	市町村の復興計画、県の復興方針	①市町村が主体性をもって、国、県の実施する公共土木施設（防潮堤等）の計画調整を行う仕組み ②国が直轄調査を行う場合には、都市、住宅、農村、漁港を一体的に計画する調査内容とすべき ③人口フレームについては、原則、社会保障・人口問題研究所の市町村別人口フレームを用いるよう、国が基本方針に明記すべき ④できるだけ頻繁に市町村民の意向調査を実施して、随時復興計画の内容変更（事業区域の縮小など）を行うことを被災市町村に義務づける仕組みも必要
被災市街地復興推進地域	①土地区画整理事業の区域と同じ区域に同時決定 ②神戸市は自主条例で土地区画整理事業、市街地再開発事業の区域より広い地域を届出・勧告制度でおさえる自主条例を制定	土地区画整理事業の区域と同じ区域で同時に決定	本来、法定事業を実施するかどうかを判断する期間として2年間の猶予を与える制度であり、本来の仕組みとして利用されることが重要（法定事業をするかどうかを決めていない地区に広くかけて2年間で検討する、結果として、法定事業でなく任意事業、個別の建て替え対応になっても地区計画を定めればいいので、いわゆる法定事業を予定する区域に限定する制度として運用する意識を持つことが重要）	都市計画区域外でも活用できる制度設計を準備すべき（準被災集落復興推進地域？）
土地利用規制	2か月の建築制限	8か月まで建築制限の延長（違憲の疑いあり）、防災集団移転促進区域での災害危険区域の指定	2か月の建築制限	①2か月で十分なのか、3か月程度に一般的に伸ばすべきではないか ②ただし、8か月も住民手続、議会手続なしに建設規制を延長するのは違憲のおそれもあり望ましくない。3か月程度で被災市街地復興推進地域に移行すべき ③災害危険区域は、制限の内容や住民手続などの点で問題があり、防災地区計画などの都市計画、準地区計画（都市計画区域外を想定）の仕組みとし、きちんとした都市計画基準を同時に策定すべきではないか？

● 第1章　住民の安全を守る

	阪神・淡路大震災	東日本大震災	現時点での恒久的枠組み	今後の課題
市街地整備	土地区画整理事業で住宅給付ができる仕組みの創設（活用されず）。第二種市街地再開発事業の面積要件の緩和、土地区画整理事業に一般会計の補助制度の創設（盛り土は尼崎市築地地区で課題となったが補助対象外）、市街地再開発事業の補助率かさ上げ、土地区画整理事業で無理な道路拡幅などの道路計画、市街地再開発事業の規模が過大	土地区画整理事業の盛り土の補助対象化、全面買収方式の津波復興拠点整備事業の創設	一団地の復興拠点市街地形成施設（予算措置は未定）	①土地区画整理事業、市街地再開発事業は、人口減少社会、定常経済では事業の成立性が落ちるので、全面買取型の手法で、先行的、速攻的に事業を実施すべき。そのためには、抵当権や地権者の不明な場合の収用委員会手続の迅速な実施の仕組みが必要 ②土地区画整理事業を実施するにしても、現道を尊重して権利調整を素早く実施できるような換地設計が必要。土地区画整理事業を担当する専門家が道路をたくさん新設する事業計画、道路を拡幅する事業計画という発想から転換する必要がある。現道を尊重した道路設計を行えば、抵当権をそのまま換地に移転する土地区画整理事業手法は使い道がまだあるはず ③市街地再開発事業は東京都心、ブロック中心都市以外では平時でも事業継続性がないので、適用に慎重であるべき
高台移転	問題なし	①防災集団移転促進事業、生活関連施設も住宅団地の移転対象。県の移転計画作成権、運用上の差し込み型の住宅団地、住宅団地の収用施設対象化、事業認定の迅速化 ②住宅団地の造成と災害公営住宅の計画の連携の不十分な箇所があり ③防災集団移転の移転促進区域での災害危険区域について、敷地単位で指定した市町村があり、法律上は違法とはいわないが不適切。このような運用をさせない仕組み（防災集団移転促進事業を所管する都市局と建築部局との連携の強化）	防災集団移転促進事業、県の移転計画作成権、住宅団地の収用施設対象化、事業認定の迅速化	土地収用委員会の手続の簡素化（不明裁決等の先行的な実施）を行うべき。住宅団地の計画に当たっては、生活関連施設の計画、災害公営住宅の計画、コミュニティバスなど公共交通機関の計画を一体的に行うことが必要
造成宅地	制度的手当なし。擁壁の崩れた地区を道路区域に含めて災害復旧事業として実施	復興交付金の中に法律に基づかない任意事業として、造成宅地滑動崩落緊急対策事業を位置づけ		使い勝手の改善、宅地の基準が住宅保障制度と宅地造成等規制法で異なることの調整

● 第2節　政策課題〈応用編〉：住民の安全のためにできること

	阪神・淡路大震災	東日本大震災	現時点での恒久的枠組み	今後の課題
液状化対策	宅地では問題なし	市街地液状化対策事業		公共施設を中心として行う事業手法の技術検証が先か？
住宅対策	住宅金融支援機構の低利融資、災害公営住宅の建設補助かさ上げ、災害公営住宅の家賃補助	住宅金融支援機構の低利融資、災害公営住宅の建設補助のかさ上げ、災害公営住宅の用地費補助、災害公営住宅の家賃補助、災害公営住宅の払い下げ期間の短縮	住宅金融支援機構の低利融資、災害公営住宅の建設補助のかさ上げ、災害応急法の住宅修繕の現金給付は活用事例は少ない	①人口減少社会では、空き家を借り上げた災害公営住宅、被災した住宅の修繕費の補助など、既存住宅を活かした対策に転換 ②災害公営住宅もできるだけ見守りがしやすいよう、中低層に。地方部では木造連棟建てなど設計上の工夫も必要 ③災害公営住宅も将来管理が難しくなるので、居住者に時価で払い下げるなど、将来の管理負担を考えた制度設計が必要。自力再建に伴い課題となる二重ローン対策についての制度的な対応策の検討 ④災害応急法の住宅修繕の現金給付は財政的にも効率的なので、活用促進のために制度改善
URの業務特例	住宅供給等のための本来業務としての受託を可能にする	復興計画に定められた業務の本来業務化	同左	URが積極的に計画調整ができるよう、受託だけでなく、自ら規模権限も付与すべき。URの大規模災害時の臨時の定員の確保も重要
復興基金	兵庫県と神戸市に復興基金、柔軟な被災者支援	地方交付税で造成する基金の運用利回りが低いため基金は設けず、補助金として、取り崩し型の基金設置		低金利の場合には効果促進事業の柔軟な使い方を目指す
住民の主体的な活動（住民参加手続・活動）	都市計画手続による住民参加、神戸市などまちづくり協議会の伝統を活かした対応	復興推進計画等について住民手続の規定がなく、まちづくり協議会など地元発意型の組織が地元に存在しなかった	復興計画に住民参加手続の規定を明記	住民参加手続を実施し、それを受けて復興計画を定めることが重要。被災地であっても拙速にならず、住民の理解を得る。地元協議会の立ち上げ支援が重要。平時から地域共同体組織を立ち上げて、防災や地域高齢者の見守り、福祉サービスの提供などの総合的な地域サービスを提供する仕組みの構築を、単なる復興政策、防災政策の枠を越えて、総合的に実施すべき
生活支援	弔慰金（死亡の場合500万円未満、障害者250万円未満）	弔慰金（同左）、被災者支援金（全壊300万円）	同左	巨大災害の場合の国と都道府県の財政負担と被災者支援とのバランスをどう考えるか、住宅共済などの互助の仕組みを制度にきちんと導入するか、総合的な再検証が必要
市町村の職員体制	神戸市など職員が充実した地域での被災	総務省、国土交通省などが、市町村を支援する事務系職員、技術系職員の他県、市町村からの調整、斡旋を実施	内閣総理大臣の職員斡旋の規定を明記	必要があれば、内閣総理大臣が総務大臣、国土交通大臣などに指示して、復興人材の派遣、調整を行うべき
専門家の役割	復興基金を活用した専門家派遣	個別の派遣費用の国全額補助（地域活性化本部事務局所管）、ただし、市町村の推薦が必要であり、地元の要望に十分応えきれないとの不満あり		復興計画策定に当たっては、市町村が地元の反対意見にも耳を傾ける姿勢と反対意見との通訳の役割としての専門家の派遣に理解を求めることが重要。例えば、国も市町村の推薦がなくとも、学会などの推薦で派遣することも検討

● 第1章　住民の安全を守る

	阪神・淡路大震災	東日本大震災	現時点での恒久的枠組み	今後の課題
産業支援	貸工場の整備など	商店街や中小企業のグループ補助などと市街地整備との連携が不十分、例えば、仮設住宅と仮設商店街も連携していない		①復興計画作成段階で、市町村が市街地整備部局と商工業部局など他部局と十分に調整。商業、工業、漁業など、復興段階では私有財産に対して高率補助の支援が行われるが、平時への経営移行という観点では、初期投資が大きくなりすぎ問題が生じるおそれがある ②復興段階でも全額補助ではなく、建物や設備については無利子融資など、事業採算性を意識した支援措置を講じるべき

2　改正災害対策基本法からの視点

(1) 法律の概要

　災害対策基本法等の一部を改正する法律（平成25年法律第54号）では、応急段階において市町村や都道府県の機能が失われるような大規模災害の場合に、国の災害緊急事態の特例や国が都道府県や市町村を代行する規定を整備している。また、災害予防段階においても、あらかじめ一時的な緊急避難場所と生活をする避難所を分けて指定すること、個人情報保護条例の規定にかかわらず、避難活動の時に支援が必要となる方々の名簿を整備し一定の条件の下で外部利用を図ることなど、災害予防段階で対応の充実を図っている。

　また、共助の促進という観点から、地区住民が率先して予防段階、応急段階での防災活動を自ら地区防災計画として策定し、それを法定の地域防災計画に位置づける制度も創設された。

(2) 災害対策基本法等の一部を改正する法律からみた復興都市計画の再検証の視点

　復興都市計画は、今回被災したまちを復興して同規模の災害に備えたまちづくりをするという側面があることから、災害対策基本法のなかでは特に「予防」という観点が重要である。

　特に、地区防災計画のような地域の共助という取組み、災害対策基本法の

● 第2節　政策課題〈応用編〉：住民の安全のためにできること

改正の視点のような、避難を中心としたソフトの取組みの重視は、現在の復興都市計画の再検証の視点となりうる。その詳細は第2節Ⅰ参照。

3 │ 津波被災地における土地区画整理事業の注意点

(1) 東日本大震災における土地区画整理事業の状況

　大規模な土地区画整理事業を計画した陸前高田市などにおいても、既に全域地区の事業認可が行われ事業は進捗している。しかし、地域住民の土地区画整理施行地区内へ戻る意向の変化に基づき、今後とも、事業実施に伴い土地区画整理事業の施行地区を可能な限り狭めることは重要と考える。[1]

(2) 津波被災地における事業実施の際の注意点

　津波被災地における土地区画整理事業の実施の注意点は、以下の四つである。

① 　津波被災地のうち、低地として残す地域を土地区画整理事業の施行区域に含めるのは避けるべきであること

　　2011（平成23）年度の第3次補正予算で土地区画整理事業の盛り土造成費が補助対象となることが明らかになったが、その際の記者発表資料では、低地から高台に宅地を飛ばす場合に、低地も含めて土地区画整理事業の施行区域にするイメージ図が示されている[2]（図表8）。

　　しかし、低地部分から高台に移転したい地権者は多いものの、低地に移りたい地権者がほとんど存在しないことから、土地区画整理事業の換地計画で低地から高台に換地を定めることは非常に困難である。仮に、低地に保留地を集めれば、保留地処分金がほとんど確保できず、土地区画整理事業の採算性が確保できない。また、低地をすべて都市公園にするというのも、復興都市計画上、都市公園の必要性を説明することが困難である。

　　このような津波被害にあった低地については、陸前高田市でも追加的に実施しているように、低地部分は防災集団移転促進事業として、希望

者の土地を市町村が買収して、土地区画整理事業の施行地区である盛り土地区又は高台に造成された土地を低地の土地を売却した地権者が購入するという対応をすべきである。

② **土地区画整理事業の施行地区は、現地再建の意向等を随時把握して、施行地区の減少に努めること**

　土地区画整理事業によって盛り土を行う地区については、造成工事を終えて従前の地権者が住宅等を建築できるまで、東日本大震災の現状をみれば、少なくとも4年以上の年月がかかる。このため、従前地権者が現地に戻って再建する意向は、被災後、時間の経過に伴って減少してくる。これを踏まえ、地権者に対するアンケートを随時行い、土地区画整理事業の盛り土地区の面積を随時変更して縮小を図ることが適当である。

　土地区画整理事業を高台で実施する場合、低地の土地を売却して売却した土地の近くの高台の土地を購入する意向についても、高台での造成工事の終了が待ちきれずに、土地区画整理事業の施行地区外の土地での再建に流れる傾向にある。意向把握を随時行って、高台造成の区域についても見直しを図ることが適当である。女川町では都市プランナーの宇野健一氏[3]の努力で土地区画整理事業の施行区域が縮小された。

③ **換地の特例である「津波復興住宅等建設区」及び「復興一体事業」は今後の津波被災地で用いることは慎重であるべきこと**

　津波復興住宅等建設区を定めた場合は、土地区画整理事業を施行する区域の全域の地権者から、換地の申し出を受けることが前提となる。このため、前記②に記載したような地権者の意向の変化を踏まえて、施行区域の縮小を図り、又は工区を分けて先行的に特定の地区の工事を行うことができない。

　この換地の特例と同じ効果は、①で記載したとおり、防災集団移転促進事業によって、地権者が低地の土地を売って高台の土地を購入することで十分に実現することから、具体的にメリットのない津波復興住宅等建設区を事業計画に定める必要は乏しいと考える。

　また、土地区画整理事業と土地改良事業を一体的に実施する「復興一

● 第2節 政策課題〈応用編〉：住民の安全のためにできること

■図表8　第3次補正での土地区画整理事業支援の拡充の資料

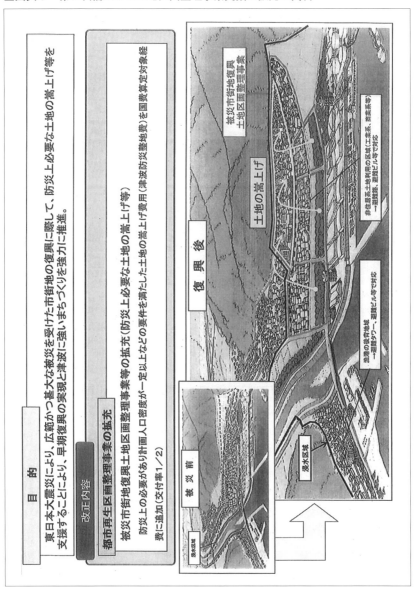

（注）右下の図の、下から上に飛ばす白色の細い矢印が問題。出典は注2）参照。

● 第1章　住民の安全を守る

■図表9　当初の女川町の事業計画案

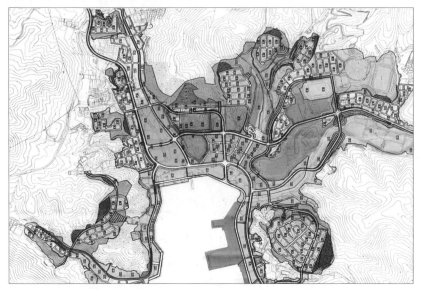

（注1）被災した女川町中心部について、区画整理設標準どおりの区画割りで宅地を山沿いに配置し、また平面の宅地計画なので山際に急な擁壁を計画している。
（注2）女川町の図面は、この図面及び図表10から14まで、宇野氏提供。

　　体事業」については、低地から高台へ移った後の土地を田畑として活用する場合に有効であると想定されていた。しかし、①に述べたとおり、低地から高台への移転については、防災集団移転促進事業で実施することが適当であること、また、従前宅地であった地区を田畑に戻すという具体的なニーズが乏しいこと、二つの事業を同時に行うため手続も複雑になることから、復興一体事業をあえて活用するには慎重であるべきと考える。
④　土地区画整理事業の事業計画を設計するに当たっては、できるだけ既存の道路を尊重した道路計画とすること
　　東日本大震災における津波被災地は従前から何度か津波の被害にあっており、その際の復興事業として、旧法等に基づく土地区画整理事業等が実施されるなど、相当程度既存の道路が整備されていた場合が多い。

● 第2節　政策課題〈応用編〉：住民の安全のためにできること

■図表10　宇野氏の提案した事業区域を縮小した案

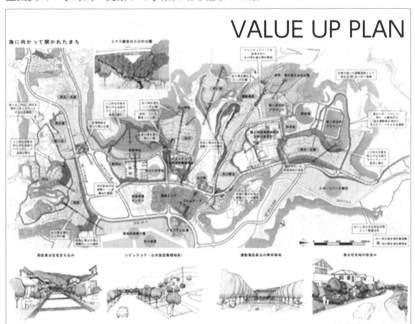

http://www.town.onagawa.miyagi.jp/hukkou/pdf/20141114_machi_design.pdf
（注）小中学校やシビックコア、地域医療センターなどを集約して配置してまちの核をつくるとともに、造成面積を減少させている。また、宅地についても、山の傾斜をいかした配置にして、造成斜面も緩やかな勾配になるように工夫している。

　このように既存の道路が4m以上の幅員がある場合には、無理に幹線道路を直線的に整備することによって従前の区画道路設計を大幅に変更することを避け、できるだけ既存の道路設計を尊重して道路設計、宅地割を行うべきである。
　阪神・淡路大震災で火災により延焼した密集市街地であれば、区画道路の整備によって再度災害を防ぐという意義について地元地権者を含めて理解しやすい。しかし、津波による被災市街地においては盛り土を行うことには理解が得やすいものの、区画道路や幹線道路の整備は津波への防災機能を有するものではなく、地元の地権者の理解も得にくいこと

● 第1章　住民の安全を守る

■図表11　従前の既存道路を大幅に変更してしまった事業計画案

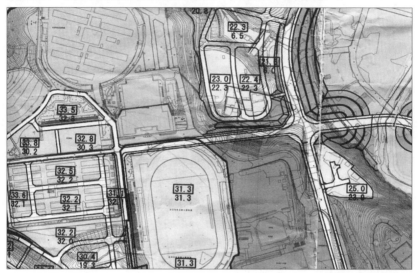

（注）図の中央下の楕円形のトラックにそって、もともとの道が東から坂をあがるようにトラックにすりつき、そして北向きに道路ができていた。この道路沿いには桜並木があったにもかかわらず、直線の東西の道路をトラックの北側に引いた道路計画となっており、同時に、図面の右真ん中の交差点では擁壁ができる形となっている。

を関係者は再確認すべきである。

　つまり、津波の被災地における土地区画整理事業の主目的は、再度災害を防ぐために盛り土を行い、標高をあげることであり、それをもって事業目的は実現すると考えるべきである。無理に道路を新設し、また、既存道路の線形を変える道路設計や都市公園の整備などは地元住民の理解を得ることが難しいと考える。

　なお、土地区画整理事業の設計についての法令上の縛りは、土地区画整理法施行規則第9条に規定されているものに限られるのであり、それ以上の細かな技術基準は、技術的助言として国土交通省から示されているものである。市町村による土地区画整理事業の実施及び都道府県による設計の概要の認可は自治事務であり、技術的助言に縛られるものではないことにも、施行者である市町村は十分に留意すべきである。

● 第2節　政策課題〈応用編〉：住民の安全のためにできること

■図表12　宇野氏が作成した既存道路を生かして桜並木を保存した事業計画案

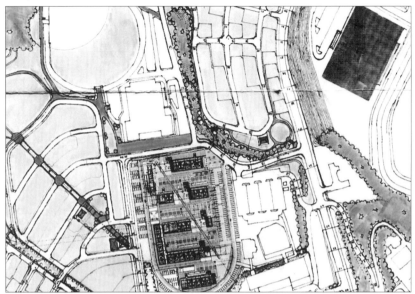

（注）図の中央下の楕円形のトラックに災害公営住宅をつくる計画にそって、もともとあった北からの道路と東へつなぐ道路をそのまま活かした結果、その道路沿いの桜並木の保全になるとともに、図面の右側を上下に走る幹線道路との交差点にも擁壁ができない計画となっている。

　なお、女川町では、当初書かれた大幅に既存の道路設計を変更する案から（図表9、11）、既存の道路の線形を生かす案を宇野氏が具体的に提案し（図表10、12）、現実に事業計画が変更されている。また、切り土地区においても地形を生かした造成計画に変更している（図表13、14）。これによって、桜の植えられている斜面も保存が可能となり、また、切り土、盛り土が減り擁壁も減るなど、コストの縮減と将来の管理コストを軽減しつつ、空間価値を上げる取組みをしている。このような取組みが、今後の津波被災地においても行われることを期待する。

● 第1章　住民の安全を守る

■図表13　大幅に切り土を行うことによって擁壁をつくる計画の従前の事業計画案

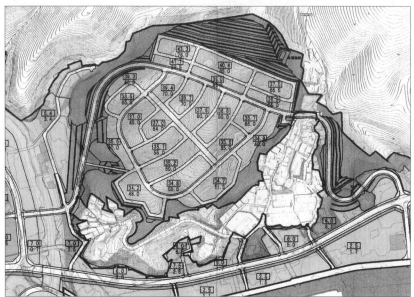

（注）山の中腹に平面の造成宅地を計画したため、図面上に極端に急勾配な擁壁が計画されている。また、区画道路の設計も、区画整理設計でよくある標準のパターンをそのまま導入している。

4　海岸保全施設の高さと復興まちづくり計画

(1)　東日本大震災後の海岸保全施設の高さの基準と復興まちづくり関係制度の立案経緯

　ここでは、海岸保全施設の高さの基準と復興都市計画に係る重要な法令、通達等を発出時期に沿って列記する。
　① 2011（平成23）年6月24日、津波対策の推進に関する法律施行
　　同法第13条第2項では、国及び地方公共団体は津波による被害の特性を踏まえ、津波により被害を受けた地域の復旧及び復興に当たり、当該地域の産業の復興及び雇用の確保に特に配慮するよう努めなければなら

● 第２節　政策課題〈応用編〉：住民の安全のためにできること

■図表14　宇野氏が斜面の地形を利用して切り土を減らすとともに管理が難しい擁壁をなくした事業計画案

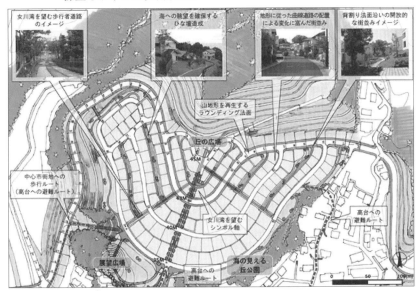

（注）宅地の設計を、斜面の等高線にそった曲線とするとともに、宅地全部を一つの平面とせずに段差をつけたため、山際に急勾配な擁壁をつくらず、管理のしやすい緩やかな斜面計画となっている。

ないと規定されている。
② 2011（平成23）年６月26日中央防災会議「東北地方太平洋地震を教訓にした地震・津波対策に関する専門調査会中間とりまとめ」[4]

本とりまとめには、以下のような記述がある。

「一方、海岸保全施設の整備についてみてみると、これらは設計対象の津波高までに対しては効果を発揮するが、今般の巨大な津波とそれによる被害の発生状況を踏まえると、海岸保全施設等に過度に依存した防災対策には限界があったことが露呈された。」（p. 4）

「東北地方太平洋沖地震や最大クラスの津波レベルを想定した津波対策を構築し、住民の生命を守ることを最優先として、どういう災害であっても行政機能、病院等の最低限必要十分な社会経済機能を維持する

● 第1章　住民の安全を守る

ことが必要である。このため住民の避難を軸に、土地利用、避難施設、防災施設などを組み合わせて、ソフト・ハードのとりうる手段を尽くした総合的な津波対策の確立が必要である。」(p. 8)

「海岸保全施設等の整備の対象とする津波高を大幅に高くすることは、施設整備に必要な費用、海岸の環境や利用に及ぼす影響などの観点から現実的ではない。しかしながら、人命保護に加え、住民財産、地域の経済活動の安定化、効率的な生産拠点の確保の観点から、引き続き、比較的頻度の高い一定程度の津波高に対して海岸保全施設等の整備を進めていくことが求められる。」(p. 9)

③　2011（平成23）年7月8日通知「設定津波の水位の設定方法等について」（農林水産省農村振興局防災課・水産庁防災漁村課・国土交通省水管理・国土保全局海岸室・港湾局海岸・防災課）[5]

記者発表資料には、以下のような記述がある。

「現在、東日本大震災の被災市町村では復興計画づくりが進んでいますが、まちづくりの計画の策定のためには、復旧が行われる海岸堤防の高さ（天端高）が明らかになっていることが重要です。本通知では、痕跡高や歴史記録・文献等の調査で判明した過去の津波の実績と、必要に応じて行うシミュレーションに基づくデータを用いて、一定頻度（数十年から百数十年に一度程度）で発生する津波の高さを想定し、その高さを基準として、海岸管理者が堤防の設計を行うこととしています。」

④　2011（平成23）年9月28日最終報告、中央防災会議「東北地方太平洋地震を教訓にした地震・津波対策に関する専門調査会最終報告」[6]

海岸保全施設の整備の考え方は、中間とりまとめと同じである。

⑤　2011（平成23）年10月21日発表、平成23年度国土交通省第3次補正予算の概要

以下の記述がある。「全面買収、かさ上げに補助する津波復興拠点整備事業の創設、防災集団移転促進事業に対する大幅な要件緩和、土地区画整理事業に対するかさ上げの補助対象化」[7]

⑥　2011（平成23）年11月16日提言、国土交通省「海岸における津波対策検討委員会提言[8]」

● 第2節　政策課題〈応用編〉：住民の安全のためにできること

2011（平成23）年7月11日の課長通知と内容は同じである。
⑦ **2011（平成23）年12月14日「津波防災地域づくり法」公布**
同法第10条によれば、市町村の定める推進計画において、海岸保全施設等の整備に関する事項、津波防護施設等の整備に関する事項を定めることとされている。
⑧ **2012（平成24）年1月6日「東日本大震災復興交付金制度要綱」策定**[9]
国土交通省分は、国土交通省第3次補正予算と内容は基本的に同じである。
⑨ **2013（平成25）年6月21日「災害対策基本法等の一部を改正する法律」公布**
地区の避難計画や備蓄計画を地区単位で自主的に定め、それを地域防災計画に位置づける地区防災計画の制度が創設された[10]。
⑩ **2013（平成25）年6月21日「大規模災害からの復興に関する法律」公布**
同法第10条第2項において、市町村の定める復興計画においては都市施設としての防潮の施設、津波防護施設等を定めることとされている。
⑪ **2013（平成25）年11月29日「東南海・南海地震に係る地震防災対策の推進に関する特別措置法の一部を改正する法律」公布（本改正による新しい法律の題名は「南海トラフ地震に係る地震防災対策の推進に関する法律」）**
第12条において、市町村が定める津波避難対策緊急事業計画で、避難施設及び避難路の計画を定めるとともに、補助率を引き上げることとしている。

(2) 海岸保全施設の高さの基準と復興都市計画の時期のずれ

2011（平成23）年3月11日の東日本大震災の発災後、同年6月の中央防災会議の専門調査会では、高頻度と低頻度の津波に分けて、高頻度の場合の津波については海岸防災施設の整備の必要性を述べたのち、同年7月に国土交通省、農林水産省の課長通知によって、高頻度（数十年から百数十年に一度）の津波については海岸保全施設で対応し、それ以上の低頻度の津波については、地域防災計画、都市計画で対応するように通知している。

● 第1章　住民の安全を守る

　この海岸保全施設の整備水準についての7月の地方公共団体への通知の段階では、市町村が実施する復興都市計画への国の支援措置の内容は不明であった。その後、10月21日の国土交通省の補正予算の記者発表において、防災集団移転促進事業の要件緩和、土地区画整理事業の嵩上げ補助などが明確化され、低頻度の津波については復興まちづくり側で対応することが可能になった。

　この海岸保全施設の基準の通知と復興都市計画の支援制度が固まる時期のずれから、海岸保全施設の基準については、防災集団移転促進事業等の復興都市計画の事業内容の充実が反映されていない。また、復興都市計画の支援措置内容が明らかになってからもその内容に変更を加えていないことから、海岸法を所管する国土交通省水管理・国土保全局、港湾局等は、海岸保全施設の基準は復興都市計画の支援内容に左右されないものと考えた可能性がある。

(3) 海岸保全施設の高さの基準に関する課題

　2011（平成23）年7月の農林水産省・国土交通省の課長通知においては、海岸保全施設の整備水準は、市町村の復興計画の与件として先に示されるべきものと整理されている。しかし、「津波対策の推進に関する法律」第13条第2項では、国に対して復旧事業においても産業の振興と雇用の確保に特に配慮するよう求めている。また、同年11月に制定された「津波防災地域づくりに関する法律」においては、市町村の推進計画において海岸保全施設の整備に関する事項を定めることとされ、海岸保全施設の計画に一定の市町村の関与が認められている。さらに、2013（平成25）年9月に制定された「大規模災害からの復興に関する法律」においても、市町村の復興計画に都市施設として防潮に関する施設を定めることができるとされている。

　以上のことからみても、新しい法制度下においては海岸保全施設が「主」で、市町村が定める復興都市計画が「従」たるものではなく、相互に連携をとりあって計画を練り上げるものと考えるべきである。より具体的にいえば、市町村や住民が地元の観光などの産業や漁業などの観点、景観などのまちづくりの観点からより低い海岸保全施設を希望した場合には、海岸管理者

● 第2節　政策課題〈応用編〉：住民の安全のためにできること

はその意見と十分調整すべきであり、一方的に海岸管理者の意見を押し通すべきものではない[11)12)]。

　2012（平成24）年1月に決定された東日本大震災復興交付金制度要綱[11)12)]に基づけば、防災集団移転促進事業による低地から高台への移転、土地区画整理事業による盛り土事業の補助対象化、さらには漁業集落整備事業などによって、低頻度の巨大津波に対しても復興都市計画の事業によって対応することが可能であり、そのような計画内容になっている地区も多い。このような場合には、高頻度（数十年から百数十年に一度）の津波に対しても、復興都市計画の事業と土地利用規制によって対応できているので、論理的にいって高頻度の津波対応で、必ずしも海岸保全施設が必要ということにはならない（理屈上は海岸保全施設が不要な場合もあり得る。）。

　また、ほとんど人家の存在しない地域を対象にした高頻度の津波対応の海岸保全施設は、費用対効果という観点からも無駄といえよう。災害復旧事業は採択時事業評価を実施しないルールになっているが、無駄な事業が進められていいということにはならない。

　2013（平成25）年11月に成立した、「東南海・南海地震に係る地震防災対策の推進に関する特別措置法の一部を改正する法律」では、第12条において、市町村が定める津波避難対策緊急事業計画で、避難施設及び避難路の計画を定めるとともに補助率を引き上げるといった、避難を中心とした対策がとられている。これは、今後の災害予防という観点から海岸保全施設を整備する場合には、事業主体である都道府県が約半分の整備費用を負担することから、高頻度（数十年から百数十年に一度）の津波を前提とした高さの海岸保全施設であっても、整備の具体的な目処が立ちにくいと想定される。このため、まず人命を守るという観点から、避難のための政策に集中して施策の充実を図ったものである。これに対して、東日本大震災の被災地においては、災害復旧事業として海岸保全施設を整備することから、地元負担が原則発生せず、その整備は被災地以外の国民が負担することになる。

　東日本大震災の被災地以外においては、命を助けるための避難を中心とした施策しか特別法で位置づけられていないこととのバランス[13)]からみても、東日本大震災の被災地においても、地域住民が避難活動で対応し、海岸保全

● 第1章　住民の安全を守る

施設の高さを低くしてほしいという要望であれば、海岸管理者はかたくなに計算上の高頻度の津波に対応する高さの海岸保全施設に固執する必要はないと考える。このような場合には、地域住民の意向を踏まえて、災害対策基本法等の一部を改正する法律で創設された地区防災計画を定めることによって、避難を地域全体の意志として位置づけるとともに、海岸保全施設の高さを抑えることは当然あり得る。

5　地区防災計画と復興都市計画との連携

(1) 地区防災計画の特徴（災対法第42条第３項・第42条の2）

　地区防災計画の制度的な特徴は以下のとおりである。
① 　市町村の一定の地区にいる居住者や事業者を提案主体として位置づけていること。都市計画法の地区計画では提案できる者は土地所有者、借地権者に限定されているのに対して、地区防災計画はそこに住んでいる住民、そこで事業をしている事業者を対象にしていること。
② 　予防段階での防災訓練、防災活動に必要な物資や資財の備蓄、災害発生時の住民や事業者相互の支援など、定められる内容は地区の防災活動を広く対象としていること。
③ 　地区の居住者や事業者は共同して市町村防災会議に地区防災計画の素案を提案できる。この場合に、過半数とか３分の２といった厳密な要件は存在しないこと。
④ 　市町村防災会議は地区防災計画を定める必要性の有無を判断して、必要性があると判断したときは、市町村地域防災計画に当該地区防災計画を定めなければならない。必要性があれば市町村に策定を義務づけている。
⑤ 　市町村地域防災計画に地区防災計画が定められた場合には、一定の地区の居住者や事業者は自動的にその計画に従って防災活動をするよう努力義務が課されることになる。これは、計画の提案については全員同意が事前に必要でないにもかかわらず、法的には緊急時などに地区防災計画に従う努力義務が全員に発生することを意味する。

● 第2節 政策課題〈応用編〉：住民の安全のためにできること

(2) 地区防災計画に関連する災害対策基本法上の法制度

地区防災計画に関しては、以下のような制度もつくられている。
① **緊急避難場所の指定**（災対法第49条の4）
　市町村長は、洪水、津波などの異常な現象ごとに、緊急時に一時的に避難する緊急避難所を指定しなければならない。
② **避難行動要支援者の名簿の作成及び事前の開示**（災対法第49条の10・第49条の11）
　市町村長は、避難において支援が必要な者の名簿を、個人情報保護条例の規定にかかわらず、他の目的で作成された名簿等を活用して、その氏名や住所又は居所などを内容とする避難行動要支援者名簿を作成しなければならない。
　また、市町村長は、本人の同意を事前に得ることを前提として、民生委員など避難行動の支援の実施に係わる関係者（その範囲は市町村地域防災計画に定めるものとする。）に対して、名簿情報を提供するものとする。

(3) 逃げ地図の作成から地区防災計画策定までのプロセス案

逃げ地図の作成から地区防災計画の策定までのプロセスは、以下のように考えられる。[14]
① 自治会長などを通じて、一定のまとまりのある地区の住民及び学生に声をかけて、逃げ地図作成の地区協議会を実施し、逃げ地図を作成する[15]。
② 東日本大震災の被災地では今次津波の到達点を起点とし、それ以外の地域では、過去最大の津波の遡上ラインと道路の交点を起点として、津波到達時間までに避難できるルートを明らかにする。
③ 津波到達時点までに避難できないルートがある場合には、ショートカットする避難路の整備、津波避難ビルの指定など、地区住民が了解できる案を作成する。
④ 逃げ地図の起点の周辺に既に市町村によって緊急避難場所が指定されていれば、その指定緊急避難場所を記載し、まだ指定されていない場合に

● 第1章　住民の安全を守る

は、地区住民で話しあって、地区住民が必要と考える指定緊急避難場所を記載する。

⑤　また、避難行動要支援者名簿が既に当該地区に提供されている場合[16]には、要支援者ごとに具体的な支援の方法（例えば例外的に自動車で避難することを認める。）を地図にポイントを落として記載する。当該名簿が提供されていない場合には、提供された段階で記載を追加する。

⑥　観光地などにおいては、旅館など事業者に対して観光客に対する逃げ地図の周知に努めることを記載する。

以上の内容、具体的には、逃げ地図、緊急指定避難場所、避難行動要支援者の居所と避難方法、旅館など事業者の観光客への周知活動などを記載したものを、当該地区協議会で了解した上で、地区協議会名、区長名あるいは自治会長名など、そのまとまった地区を表現する代表者名[17]で、「○○地区防災計画」の素案として、市町村長に提出する。

市町村長は、通常、地区の協議会が当該地区の地区防災計画を策定すると考えているのに対して、当該地区防災計画の策定が不要と判断することは想定できない[18]。地区防災計画の内容のうち、緊急避難所の指定、避難路の整備、避難行動要支援者名簿の提供状況など、市町村の対応状況を確認し、市町村としての実現可能性をきちんと踏まえた上で、市町村防災会議において、○○地区防災計画として、市町村地域防災計画の一部に定めることとする。

なお、避難路の整備、避難ビルの指定や避難タワーの建設など避難施設の整備に当たっては、市町村都市計画マスタープランにも位置づけるとともに、国土交通省都市局の都市防災総合支援事業の支援を受けることが可能である（なお、都市計画マスタープランへの位置づけは、当該支援事業に必須ではない。）。

(4) 地区防災計画の策定と復興都市計画の関係

ア　地区防災計画が策定された場合、例えば、それが津波を前提としたものであれば、当該地区において既往最大規模の津波、つまり低頻度（1000年に1回）の津波に対しても、地区住民や事業者の共助によって、少なくと

● 第 2 節　政策課題〈応用編〉：住民の安全のためにできること

も人命は助かる枠組みができたといえる。
イ　これを前提とすると、高頻度の津波（数十年から百数十年の津波）に対しても人命は助かる枠組みができていることになる。復興都市計画の観点から、地区住民が、高頻度の津波を前提とした天端高よりも低い天端高での海岸保全施設を求めた場合について、地区住民が避難することにより生命が助かる仕組みで十分としているのに、海岸管理者がその地区住民の意思を乗り越えて、高頻度の津波を前提にした天端高を主張する根拠は薄くなると考える。
ウ　また、海岸保全施設の天端高の計画が既に定まっていても、未竣工の段階で、復興都市計画の事業によって宅地が整備され、住民の居住や事業者の事業が始まることになる場合にも、既往最大津波での避難計画を地区防災計画で策定しておくことによって、住民や事業者の不安をおさえつつ、早期の生活や事業の再建を進めることが可能となる。

(5) 地区防災計画と防災都市計画との関係

ア　東日本大震災の被災地以外で高頻度の津波、低頻度の津波が想定される地区においては、津波到達時間が短いため、新たなショートカットの避難路の整備、避難タワーなどの避難施設の整備が必要となるケースが多いと想定される。
イ　その場合には、特に、市町村の防災部局と都市計画部局が連携して、地区から提案された避難路の整備や津波避難施設の整備について事業計画を策定するとともに、厳しい財政事情の中で効率的かつスピーディに整備する方法を検討し、その回答をもって地区防災計画を策定することが必要である。
ウ　また、例えば津波到達時間が短く、避難活動だけでは人命が救えない地区については、防災集団移転促進事業などを災害予防的に実施することによって、集落の高台への移転を促進することも必要となる。この場合にも、防災部局と都市計画部局の連携は必須となる。
エ　いずれにしても、南海トラフ巨大地震などで津波が想定されている地区は多数存在することから、市町村が地区単位での逃げ地図作成を働きかけ

ていくとともに、学会や大学などがその作成に技術的支援をしていくことが必要と考える。

(6) 地区防災計画活用に当たっての今後の課題

ア　津波については、地区協議会で住民等が議論して作業する逃げ地図という仕組みが存在するが、密集市街地などでの延焼や道路遮断などを含めた避難路の計画や緊急避難場所の指定などについても、より住民との共同作業ができるようなシステムづくりが必要である。

イ　市町村地域防災計画は毎年見直しの義務がかかっているが、地区単位の地区防災計画についても、一定期間ごとに計画を見直す仕組みが必要である。

ウ　地区防災計画を記載する地域防災計画と、避難路の整備や延焼遮断帯の整備などを記載する都市計画マスタープランの日頃からのすりあわせが重要である。

エ　被災地においては、効果促進事業の活用など、地区防災計画の策定を支援する仕組み——市町村が地区防災計画の策定に前向きになるインセンティブが必要である。また、学会など学識経験者による技術支援の充実も重要である。

6　用地取得の迅速化と法的措置

(1) 復興事業における用地取得の加速化の現状

2013年11月、岩手弁護士会及び岩手県においては、土地収用法の特例となる特別措置法の制定を政府に要望していた[19]。

これに対して、政府は当初、法改正は必要ないとして「用地取得加速化プログラム」を発表し、用地取得の運用上の改善を目指していた[20]。この運用上の改善については、いずれも的確なものと考えるが、ややテクニカルな面に偏っていることは否めない。岩手弁護士会が指摘しているように、復興事業のうち防災集団移転促進事業及び災害公営住宅建設事業については収用

● 第2節　政策課題〈応用編〉：住民の安全のためにできること

対象事業でないこと、それによって、強制的な買収ができないという点で法制面の課題は依然として残っていた。

　その後、防災集団移転促進事業の移転先の住宅団地の予算上の要件である5戸以上についても、都市計画上の都市施設の対象となるよう、東日本大震災復興特別区域法等の一部改正が議員立法によって成立した。同時に、収用裁決の申請書類の簡素化、緊急使用の期間を1年に延長するなどの措置が講じられた[21]。これらの措置によって、岩手弁護士会等が要望していた用地取得の円滑化が図られることを期待したい。

　さらに用地取得の円滑化のための議論が必要となる場合に備えて、以下では必要な法制面での可能性を検討しておく。

(2) 都市計画手続、収用手続の改善の可能性

ア　都市計画手続の拡充の可能性

「大規模災害からの復興に関する法律」第42条により、特定大規模災害等を受けた都道府県知事から要請があり、かつ、当該被災都道府県における都市計画に係る事務の実施体制その他地域の実情を勘案して必要があると認めるときは、国土交通大臣が都市計画決定をするという措置が創設されている。

　東日本大震災で被災した都道府県の現在の都市計画部局の体制を考えると、都市計画事業認可は十分行えると考えるが、今後の巨大災害に備えて、同様の要件で都市計画事業認可についても国土交通大臣が代行する規定を置くことが適切と考える。「公共用地の取得に関する特別措置法」においても、特定の公共事業の場合に都道府県知事の事業認定の代わりに国土交通大臣が事業認定を行う場合を設けているが、都市計画事業認可についても同様の措置を講じることは可能と考える。

イ　収用手続の改善の可能性

都市計画事業認可を受けた後は、土地の権利取得、明渡しは収用委員会の裁決をもって行うことになる。また、土地収用法第48条第4項ただし書きに基づき、権利者が不明である場合には不明裁決を行うことができる。また、土地の権利について争いがある場合などの裁決についても土地収用法第48条

第５項に必要な規定が整備されている。

このため、復興事業においても土地収用委員会による裁決の手続を踏襲すべきと考える。岩手弁護士会の提案では新しい第三者機関を設置すべきとしているが、収用委員会の手続は憲法第29条第３項の「私有財産は、正当な補償の下に、これを公共のために用ひる」という趣旨を体現したものであり、また、実務上も裁決例が積み上がっていることから、原則としてこの仕組みを活用することが適当である。

しかし、土地収用委員会事務局は年間の裁決数が数件しかない県も多く、事務局体制も脆弱であることから、東日本大震災における用地取得案件を扱うためには他の都道府県や地方整備局の用地部から大幅な人員の応援を仰ぐ必要があると考える。

このため、今後、「大規模災害からの復興に関する法律」第53条の、「都道府県の委員会から他の都道府県の委員会や国土交通省への職員派遣の要請等の規定」を活用して、用地取得に携わる職員の応援要請を行うことが適切である。

また、今後の大規模災害を想定した場合には、収用委員会が早期に裁決を行うことができる緊急裁決（公共用地の取得に関する特別措置法第20条と同じもの）及び国土交通大臣による裁決の代行（同法第38条の２）の規定を整備すべきである。なお、国土交通大臣の裁決の代行は、公共用地の取得に関する特別措置法第38条の２の「収用委員会が一定の期間に裁決しない」という場合ではなく、都市計画の代行と同じく都道府県収用委員会から代行の要請があり、収用委員会事務局の体制等地域の実情からみて必要な場合に限定すべきと考える。

(3) 財産管理制度の改善の可能性

ア　不在者財産管理人制度及び相続財産管理人制度の現状

復興事業を実施する地区において、対象となる土地の所有者が判明しない場合や相続人が不明な場合には、民法第28条及び第952条等に基づいて、利害関係人又は検察官から財産管理人の選任を家庭裁判所に申請する。選任された管理人が土地の売却等、保存行為を超えた行為を行う場合には、再度、

● 第2節　政策課題〈応用編〉：住民の安全のためにできること

家庭裁判所の許可を受けて行うことができる。
　この制度については、実際の公共事業の現場では財産管理制度のほうが土地収用委員会の手続よりも迅速に行えるとの分析もあり[22]、これらの制度についても拡充を検討すべきである。このような、現実に動いている制度をより使いやすくするという地道な改正も必要と考える。

イ　不在者財産管理人制度及び相続財産管理人制度の拡充の可能性

　これら二つの財産管理人制度については、利害関係人又は検察官から管理人の要請を行うと規定されているが、実務上、公共事業を行う国や地方公共団体も利害関係人と認められている。実際には被災地の市町村の職員が管理人申請のためのすべての書類をそろえて準備することは大変であることから、利害関係人に「復興事業を施行する国又は地方公共団体の職員」を明記することに加えて、「復興事業の全部又は一部を受託した、独立行政法人都市再生機構の職員又は地方住宅供給公社の職員」と明記することによって、市町村職員の申請書類の収集事務を、都市再生機構の事務所の全国ネットワークや、地方住宅供給公社の全国協議会ネットワークを活用して、戸籍謄本等の資料収集を可能とすべきである。
　また、都市計画決定した都市計画施設の区域内の土地について、不在者管理人及び相続財産管理人の選任の申立て並びに土地売却に当たっての権限外行使の許可の申立てが行われた場合にあっては、家庭裁判所は速やかに審判しなければならないと法律上明記するべきである。なぜなら、都市計画施設の区域内の土地については、都市計画法上、収用すべき緊急性のある土地であることから、家庭裁判所においても可能な限り迅速に裁決することが必要であるためである。
　また、家事事件手続法の特例として、独立行政法人都市再生機構等から不在者、相続人の状況や対象となる土地の現況等について書面等を受けた場合で相当と認められるときは、家事事件手続法第56条に定める調査及び証拠調べをしないことができるものとすべきである（特定競売手続における現況調査及び評価等の特例に関する臨時措置法第3条参照）[23]。

ウ　戸籍法の謄本請求権限の拡充

　財産管理人の選任に当たっては、不在者や被相続人の戸籍の入手が不可欠

● 第1章　住民の安全を守る

である。現行の戸籍法では、国又は地方公共団体の機関は、法令の定める事務を遂行するため必要がある場合には戸籍謄本等の交付を請求することができる（戸籍法第10条の2第2項）とされている。

　これに加え、前記イにおいて、復興事業を受託した独立行政法人都市再生機構の職員及び地方住宅供給公社の職員（他都道府県の地方住宅供給公社が復興事業を受託している場合であって、当該地方住宅供給公社の職員から依頼を受けた他の地方住宅供給公社の職員を含む。）も、戸籍法の特例として戸籍謄本等の交付等の請求ができるよう戸籍法の特例を設けるべきである。この場合には、独立行政法人都市再生機構及び地方住宅供給公社の職員には、当該戸籍謄本等に係わる守秘義務を法律で明記すべきである。

(4) これらの法律事項を措置すべき法律

　2014年4月には、「東日本大震災復興特別区域法」と「大規模災害からの復興に関する法律」の双方について、議員立法による改正が行われた。これは、前者の改正による東日本大震災の復興過程だけでなく、「大規模災害からの復興に関する法律」も併せて改正することによって、今後の巨大災害からの復興過程でも活用できるようにあらかじめ法制面の措置をすることを意味しており、適切であると考える。

7　市町村が取得した移転促進区域内の土地の集約手法

(1) 移転促進区域内の現状

　東日本大震災において津波被害の大きかった地区においては、低地で津波に対して危険な地域を市町村が災害危険区域に指定した上で土地を買収し、土地を売却した地権者は市町村が高台に造成した住宅団地の宅地を購入する、いわゆる「防災集団移転促進事業」が335地区で実施されている[24]。

　この事業によって、市町村は移転促進区域内に多数の宅地を保有することになるが、土地の売却意向のあった地権者の土地を市町村が五月雨式に買収することになるので、市町村所有の小規模な宅地が散在して存在することに

● 第2節　政策課題〈応用編〉：住民の安全のためにできること

なり、市町村からみると跡地利用がしにくいとの問題点が指摘されている[24]。

(2) 現行の換地手法での対応

　土地の集約をする手法としては、都市計画区域内では土地区画整理法による換地手法、農業振興地域内では土地改良事業による交換分合が存在する。しかし、土地区画整理事業は本来、公共施設の整備に伴って土地の換地を行う手法であり、土地改良事業は農地を集約して農業生産性をあげることが目的の手法であり、その手続は複雑である。

　現状における被災地でのニーズは、今後の土地利用の可能性を高めるために市町村所有の土地を集約しておきたいというものであり、道路などの公共施設の整備を目的とするものではなく、また、農地の集約による農業生産性の向上が目的のものでもない。

　そのため、被災市町村にとっては簡便な手続で、かつ地権者に譲渡所得税、法人税、登録免許税、不動産取得税がかからない形で、土地の集約化をできる制度の必要性があると考える。

　ちなみに、法的枠組みを使わずに、小規模で散在した市町村所有の宅地と、個人や法人が所有している宅地を交換した場合には、個人が交換により取得する宅地は居住が不可能な地域にあるので居住用財産の買い換え特例が使えず譲渡所得税がかかる可能性がある。法人が交換により取得する宅地についても、現状では、事業の見込みがない場合には事業用資産の買い換え特例が適用されず、法人税がかかる可能性がある。このため、なんらかの法的枠組みの対応なしには円滑に土地の集約化を図ることは困難と考える[25]。

(3) 新たな制度運用の提案

ア　制度運用の基本的方向

　市町村が、被災した個人や法人の宅地と市町村保有地を交換して市町村保有の土地を集約し、今後の復興につながるような跡地利用につなげていくという防災集団移転促進事業の目的に沿った、移転促進区域の実情にあった制度が重要である。

　具体的には、以下の点に留意が必要である。

● 第1章　住民の安全を守る

① 都市計画区域内外に共通の枠組みであること
② 被災者に対して土地の交換等による税負担が生じないこと
③ ほとんどの土地が市町村所有となっていて、ごく一部の土地が民有地で残る場合と、市町村有地が散在する場合の双方にうまく適用できること
④ 市町村と地元住民などとの間で将来の利用構想がつくられる間、建築行為について一定のブレーキがかかる仕組みであること
⑤ 簡易な手続でできること
⑥ どうしても地権者が任意の交換に応じてくれない場合には伝家の宝刀のように強制力が発揮できる仕組みであること

イ　広場に関する都市計画の活用

　現在、市町村有地が散在する地区においては、具体的な土地利用の方向が明らかでない場合が多い。ただし、旧漁村地域であれば漁業支援施設と広場、旧観光地域であれば観光支援施設と広場など、広場などのオープンスペースを核としながら、一部、市町村有地を活用して建築物を建築する意向がある場合が多い（いいかえれば、それほど大きな床需要はない状況の地域が多い。）。

　その一方で、市町村と現地の住民等とで意見調整を始めたばかりの地区が大半であること、そのなかで、民有地で抜け駆け的に建築物が建つと意見調整がかえって難しくなることなどの懸念も聞こえてくる。

　このため、散在している市町村有地と民有地を対象にして、都市施設として都市計画決定（都市計画法第11条第1項ただし書によって都市計画区域外も可能）するとともに、都市計画の理由書において、おおまかな当該地区の土地利用の方針、例えば漁業広場を目指すとか、観光広場、産業広場、参道広場といった建築物とオープンスペースが一体となった広場を目指すといった記載をすることで、都市計画法第53条の許可手続によって抜け駆け的な建築行為は都市計画に適合しないとして排除することが可能となる。

　また、散在する市町村有地と民有地の整序については、民有地を市町村が買収し、代替地として市町村が保有する土地を提供するという位置づけを行うことによって、譲渡所得税、法人税の繰り延べ、不動産取得税の非課税は、通常の都市計画施設の区域内の土地の取得と代替地の提供と同じように

● 第2節　政策課題〈応用編〉：住民の安全のためにできること

処理が可能である。登録免許税については、通常の都市計画施設の区域内の代替地の取得には適用されないが、東日本大震災の被災地では、被災した土地の代わりに土地を取得した場合の登録免許税の非課税措置がかなり一般的に認められているので、これが同様に認められる可能性がある。

　なお、都市施設を都市計画決定した場合には、都市計画事業認可を受ければ強制的に市町村が土地を取得することも可能となるので、最後の意見調整のための伝家の宝刀も用意できることになる。

　具体的に施設が整備された段階では必ずしも都市公園法上の都市公園として管理する必要はなく、市町村有地も含めて地域住民が管理する広場として位置づけるなど、柔軟な管理手法の活用が重要である。

　現行都市公園法についても、漁業広場、観光広場、産業広場など、建築物とオープンスペースが一体となった広場の新しい柔軟な利用形態を積極的に認めるよう、自由使用の原則や建坪率制限を2割程度まで緩和することなどを内容とする制度設計に規制緩和する必要があると考える[27]。そもそも広場は公園と違って建物に囲まれた空間を意味することが多く、一定程度の建物が広場の周辺に立地することは当然想定できることから、緑を前提とする公園とは違った規制があってしかるべきと考える。

　都市計画広場の都市計画決定段階での区域の決定方法としては、市町村所有地がほぼまとまっている時は、その区域を対象として都市計画施設をかけることが想定される。また、市町村所有地と民有地が散在しているときは、その双方の区域を含めて都市計画広場の区域を都市計画決定して、その区域内で一定の用途の建築物を誘導する区域と広場にする区域とに区分して、土地の交換を進めることも考えられる。

ウ　一団地の津波防災拠点市街地形成施設に関する都市計画

　都市計画区域内などで相当の床需要が見込まれる地域において、市町村有地と民有地が散在している場合には、そもそも建築物を制度的に許容する一団地の津波防災拠点市街地形成施設に関する都市計画を決定することも考えられる。

　これによっても、広場の都市計画と同じく税制上の特例、都市計画法第53条による抜け駆け的な建築行為の抑制、伝家の宝刀としての強制力も確保で

● 第1章　住民の安全を守る

きる。

　ただし、一団地の津波防災拠点市街地形成施設に関する都市計画は、建築物に関する容積率の最高限度など建築物の制限内容を定める必要があるのと、特定業務施設と公共施設などの位置と規模を定める必要がある。そのため、使い方がある程度はっきりしている地区や現状でほとんど市町村有地がまとまっていて、仮の建築物や公共施設の案に基づいて都市計画決定をしても問題が生じない場合に限って、適用することが適切と考える。

8　まとめ

　東日本大震災の復興計画及び復興事業、さらには今後予想される巨大災害からの復興計画及び復興事業に備えて「大規模災害からの復興に関する法律」及び「災害対策基本法等の一部を改正する法律」を整備したが、さらに、東日本大震災の復興を円滑に進める観点から、Ⅱでは、法制的な改善の必要性、新しい制度及び運用の提案などを整理した。

■注
1)　以下のURL参照。　http://shoji1217.blog52.fc2.com/blog-entry-1563.html
2)　以下のURL参照（別紙の7ページ）。http://www.mlit.go.jp/common/000170245.pdf
3)　宇野健一さんは、有限会社アトリエU都市空間計画室代表取締役
4)　以下のURL参照。
　　http://www.bousai.go.jp/kaigirep/chousakai/tohokukyokun/pdf/tyuukan.pdf
5)　以下のURL参照。　http://www.mlit.go.jp/report/press/river03_hh_000361.html
6)　以下のURL参照。
　　http://www.bousai.go.jp/kaigirep/chousakai/tohokukyokun/pdf/houkoku.pdf
7)　以下のURL参照。　http://www.mlit.go.jp/report/press/kanbo05_hh_000073.html
8)　以下のURL参照。
　　http://www.mlit.go.jp/report/press/mizukokudo03_hh_000429.html
9)　以下のURL参照。　http://www.reconstruction.go.jp/topics/20130322_youkou.pdf
10)　以下のURL参照。　http://www.minto.or.jp/print/urbanstudy/pdf/u57_03.pdf
11)　海岸法第2条の3第3項において、「都道府県知事は、海岸保全基本計画を定めようとするときは、あらかじめ関係市町村長及び関係海岸管理者の意見を聴かなければならない。」第5項において、「関係海岸管理者は、前項の案を作成しようとする場合において必要があると認めるときは、あらかじめ公聴会の開催等関係住民の意見を反映させる

● 第 2 節　政策課題〈応用編〉：住民の安全のためにできること

ために必要な措置を講じなければならない。」と規定しており、海岸法の観点からも、海岸保全基本計画を定めるときは、市町村の意見を聞くとともに、必要に応じて住民の意見を反映させる措置を講じることとなっている。これを一段進めて、津波対策の推進に関する法律、津波防災地域づくり法の趣旨からは、よりいっそう、地元市町村及び住民と、海岸管理者である都道府県知事とは密接な調整が必要と考える。

12) 先に掲げた2011年7月8日の通知においては、「堤防の天端高は、(中略)海岸の機能の多様性への配慮、環境保全、周辺環境との調和、経済性、維持管理の容易性、施工性、公衆の利用等を総合的に考慮しつつ、海岸管理者が適切に定めるものであることに留意する。」と記載されている。また、平成23年11月16日の海岸における津波対策検討委員会提言においては、上記通知で掲げられた留意点に加え、「港湾及び漁港への利用者への配慮にも努めることが必要である。」と記述されている。これらの環境保全、周辺環境との調和、公衆の利用や港湾及び漁港の利用者への配慮をするためには、当然地元市町村及び住民の意見を尊重する必要があり、海岸管理者向けの通知等においてもそれらの必要性は認識されていると解される。

13) 現在の東日本大震災の被災地の復旧、復興事業は基本的に大部分が国費で実施されており、これは、被災地以外の国民が実質、費用負担をしていると考えることができる。この被災地以外の国民に対しては、避難施設、避難路の整備を中心とした「逃げる」津波対策を制度的に前提にしながら、東日本大震災の被災地では、高頻度（数十年から百数十年に一回）の津波は海岸保全施設で食い止めるという「ハードで防ぐ」事業を実施することについて、「均衡がかけているのではないか」という問題意識である。これは、だからといって、全国をすべて「ハードで防ぐ」という趣旨ではなく、東日本大震災の被災地においても、ベースは「逃げる」津波対策を原則としつつ、地域住民の理解が得られ、費用対効果も高い地区については、ハードの対応も考えるといった、高頻度の津波に対しても、ソフト・ハードの双方から検討するのが、東日本大震災の被災地と、被災地外との国民に対する整備の水準のバランスの取り方と考える。

14) 逃げ地図は、以下のURL参照。http://www.nigechizuproject.com/

15) 地区の単位は、協議や話し合いがまとまりやすい、既存の地域のまとまりの単位を活用することが望ましい。

16) 避難行動要支援者名簿は、全市町村に作成が義務づけられているが、それらを提供する相手については民生委員になるのか、自治会長になるのかなど、事前に市町村地域防災計画において示されることになっている。また、その名簿を保持する者には守秘義務が課されることになる

17) 災害対策基本法上は「地区の居住者及び事業者が共同して」提案することになっているが、過半数等の要件は必要ないので、その地区協議会を代表する肩書きと氏名で提案すれば足りるものである。

18) 法律上は市町村が地区防災計画の策定の必要性を判断することになるが、地元の住民等がまとまってその素案を作成する段階においては、避難活動等を地区の共助で行う地区の意向が存在していることから、これを否定する理屈は市町村には事実上存在し得な

● 第1章　住民の安全を守る

いという意味である。内閣府が2014年3月にまとめた「地区防災計画ガイドライン」のp.37には、「例えば、極めて対象範囲が限定された防災計画のようなものが計画提案として市町村防災会議に提案された場合には、一般には、市町村地域防災計画に位置付けるのになじまないと判断されることが想定されます。」と記載されているが、なぜ、範囲の狭い地域に限定されている地区防災計画を市町村の地域防災計画に位置づけるのがなじまないのか、立法作業者としては理解できない。（西澤雅道ほか『地方防災計画入門』（エヌティティ出版、2014年）参照）

19）以下のURL参照。
　　http://www.iwateba.jp/wp-content/uploads/2014/04/20131125_fukkoujigyouyoutinokakuho.pdf
20）以下のURL参照。
　　http://www.reconstruction.go.jp/topics/main-cat1/sub-cat1-15/20131021_youchi.pdf
21）以下のURL参照。
　　http://www.shugiin.go.jp/internet/itdb_gian.nsf/html/gian/honbun/houan/g18601017.htm
22）以下のURL参照。　http://www.skr.mlit.go.jp/kikaku/kenkyu/h23/pdf/12.pdf
23）小口幸人弁護士から指摘をいただいたように、不在者財産管理人や相続財産管理人は、本来、財産の保全のための保存行為を行うことが職務であり、特段の位置づけなしに、売却処分のような権限外行為の許可申請を自主的に家庭裁判所が行う可能性は低い。また、仮にした場合であっても家庭裁判所が許可するかどうかは一律にはいえない。
　このような財産管理人の性格を考えると、例えば、復興事業のために都市施設の都市計画決定がしてある区域内の土地について、復興事業の事業者（事業の受託者を含む。）から売却の申し出があった時には、当該財産管理人は家庭裁判所に権限外行為の許可の申請をしなければならない、といった規定を創設する可能性も検討する必要がある。また、当該申請を受けた家庭裁判所は、買収価格が適正なものであると認めたときは、売却処分を許可しなければならない、といった規定も検討しうる。法律が、司法機関である家庭裁判所の判断をどれだけ縛れるかといった議論もありうるが、収用事業として、最終的には強制的に買収できることが明らかになっている都市施設の都市計画決定区域内であれば、財産管理人への権限外行為についての許可申請の義務づけ、家庭裁判所での判断事項を価格審査だけに限定するという法律改正事項もありうると考える。
24）以下のURL参照。
　　http://www.reconstruction.go.jp/topics/main-cat1/sub-cat1-1/20140318_higashinippondaishinsai_fukkoh.pdf
25）復興庁も防災集団移転促進事業で買収した土地の活用方法について、事例紹介を公表している。
　　http://www.reconstruction.go.jp/topics/main-cat1/sub-cat1-15/20150116_motochi_jireisyu.pdf
　ただし、いずれも低地の土地利用方針が明確な事例であり、土地利用方針が明確でな

● 第2節　政策課題〈応用編〉：住民の安全のためにできること

い段階での集約に役立つケースは少ないと思われる。なお、2015年10月現在で、復興庁等は土地の集約のための税制要望を関係省庁に対して行っている。
　　http://www.soumu.go.jp/main_content/000375525.pdf
26）国税については、居住用財産の買い換え特例の100％買い換えが平時でも存在しており、東日本大震災特例で、事業用資産についても買い換え特例が100％できることになっている。また、登録免許税も免税となっている（参考http://www.mof.go.jp/tax_policy/tax_reform/ss230428s.pdf）。地方税も不動産取得税は東日本震災特例で非課税となっている（参考http://www.mof.go.jp/tax_policy/tax_reform/outline/fy2011/explanation/PDF/p845_875.pdf）。これらの特例が災害危険区域内で当面使用目的のない個人又は法人が所有する宅地と市町村が保有する使用目的のない宅地の交換について適用できるかどうかには、疑問がある。なんとか現地の税務担当部局との調整で免税なり繰り延べがされる可能性があるが、疑義があることは間違いないので、きちんとした制度設計が必要と考える。
27）広場や空地といったオープンスペースについては、より人々の賑わいの空間としての価値を重視する考え方が都市計画の分野では主流となっており、従来の植物を中心とした都市公園から、都市のオープンスペースと建築物の一体的な空間とそこへの賑わいの導入を目指した、新しい「広場」概念の構築と制度化が求められる。

■参考文献
1）山崎栄一『自然災害と被災者支援』（日本評論社、2013年）
2）津久井進『大災害と法』（岩波新書、2012年）
3）平山洋介ほか『住まいを再生する』（岩波書店、2013年）
4）日本住宅会議『東日本大震災住まいと生活の復興─住宅白書〈2011-2013〉』（ドメス出版、2013年）
5）牧紀男『復興の防災計画』（鹿島出版会、2013年）
6）大西隆ほか『東日本大震災復興まちづくり最前線』（学芸出版社、2013年）
7）関満博『東日本大震災と地域産業復興』（新評論、2011年）
8）塩崎賢明ほか『東日本大震災復興の正義と倫理』（クリエイツかもがわ、2012年）
9）上昌弘『復興は現場から動き出す』（東洋経済新報社、2012年）
10）関西大学社会安全学部『検証東日本大震災』（ミネルヴァ書房、2012年）
11）『浜からはじめる復興計画』（ディテール別冊2012年04月号）
12）佐藤滋編『東日本からの復興まちづくり』（大月書店、2011年）
13）室崎益輝ほか『震災復興の論点』（新日本出版社、2011年）
14）牧紀男『災害の住宅誌』（鹿島出版社、2011年）
15）伊藤滋ほか『東日本大震災への提言』（東京大学出版会、2011年）
16）西村康雄『「危機管理」の都市計画』（彰国社、2000年）
17）土地収用法実務研究会編著『土地収用法一問一答』（ぎょうせい、1985年）
18）財産管理実務研究会『新訂版　不在者・相続人財産管理の実務』（新日本法規出版株

● 第1章　住民の安全を守る

　　式会社、2012年）
19）野々村哲朗ほか『相続人不存在・不在者財産管理事件処理マニュアル』（新日本法規出版研究会、2012年）
20）堀田裕三子『これからの住まいとまち』（朝倉書店、2014年）
21）伊藤哲朗『国家の危機管理』（ぎょうせい、2014年）
22）関西大学災害復興制度研究所編『検証被災者生活再建支援法』（関西大学、2014年）
23）海堂尊監修『救命』（新潮文庫、2014年）
24）河田惠昭『にげましょう』（共同通信社、2012年）
25）関西大学社会安全学部『防災・減災のための社会安全学』（ミネルヴァ書房、2014年）
26）本間勇輝ほか『3 years復興の現場から、希望と愛をこめて』（A-WORKS、2014年）
27）山下祐介ほか『人間なき復興』（明石書店、2013年）
28）阪神・淡路まちづくり支援機構付属研究会『士業・専門家の災害復興支援』（クリエイツかもがわ、2014年）
29）岡本正ほか『自治体の個人情報と共有の実務』（ぎょうせい、2013年）
30）室崎益輝ほか『市町村合併による防災力空洞化』（ミネルヴァ書房、2013年）
31）Jan Gehl"How to Study Public Life"（Island Pr、2013年）

第3節
参考資料

URL はぎょうせいホームページ（http://gyosei.jp）にも掲載しています。

(1) 密集市街地における防災街区の整備の促進に関する法律（密集法）

　第3条防災街区整備方針、第32条防災街区整備地区計画、第6章防災街区整備事業、第7条防災施設の整備に注意する。

http://law.e-gov.go.jp/cgi-bin/idxselect.cgi?IDX_OPT=1&H_NAME=%96%a7%8f%57%8e%73%8a%58%92%6e&H_NAME_YOMI=%82%a0&H_NO_GENGO=H&H_NO_YEAR=&H_NO_TYPE=2&H_NO_NO=&H_FILE_NAME=H09HO049&H_RYAKU=1&H_CTG=1&H_YOMI_GUN=1&H_CTG_GUN=1

(2) 街並み誘導型地区計画

街並み誘導型地区計画のわかりやすい説明資料（東京都中央区月島の地区計画説明資料より）は以下のとおりである。

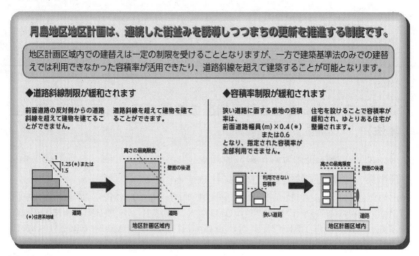

（出典）中央区ホームページから転載

(3) いわゆる「二項道路」

いわゆる「二項道路」は建築基準法第42条第2項、「三項道路」は同条第3項による。

http://law.e-gov.go.jp/cgi-bin/idxselect.cgi?IDX_OPT=1&H_NAME=%8c%9a%92%7a%8a%ee%8f%80%96%40&H_NAME_YOMI=%82%a0&H_NO_GENGO=H&H_NO_YEAR=&H_NO_TYPE=2&H_NO_NO=&H_FILE_NAME=S25HO201&H_RYAKU=1&H_CTG=1&H_YOMI_GUN=1&H_CTG_GUN=1

(4) 南海トラフ地震に係る地震防災対策の推進に関する特別措置法（南海トラフ特別措置法）

第13条（補助の特例措置）に注意する。

http://law.e-gov.go.jp/cgi-bin/idxselect.cgi?IDX_OPT=1&H_NAME=%93%8C%93%EC%8AC%81E%93%EC%8AC%92n%90k%82%C9%8CW%82%E9%92n%90k%96h%8D%D0%91

●第3節　参考資料

%CE%8D%F4%82%CC%90%84%90i%82%C9%8A%D6%82%B7%82%E9%93%C1%95%CA
%91%5B%92u%96%40&H_NAME_YOMI=%82%A0&H_NO_GENGO=H&H_NO_
YEAR=&H_NO_TYPE=2&H_NO_NO=&H_FILE_NAME=H14HO092&H_
RYAKU=1&H_CTG=1&H_YOMI_GUN=1&H_CTG_GUN=1

(5) 津波防災地域づくりに関する法律（津波地域づくり法）

第7章の津波防護施設には十分な予算措置がないことに注意する。

http://law.e-gov.go.jp/cgi-bin/idxselect.cgi?IDX_OPT=1&H_NAME=
%92%c3%94%67%96%68%8d%d0&H_NAME_YOMI=%82%a0&H_NO_GENGO=H&H_
NO_YEAR=&H_NO_TYPE=2&H_NO_NO=&H_FILE_NAME=H23HO123&H_
RYAKU=1&H_CTG=1&H_YOMI_GUN=1&H_CTG_GUN=1

(6) 被災市街地復興推進地域

被災市街地復興特別措置法第2章に被災市街地復興推進地域が規定されている。

http://law.e-gov.go.jp/cgi-bin/idxselect.cgi?IDX_OPT=1&H_NAME=%94%ed%8d%d0%8
e%73%8a%58%92%6e&H_NAME_YOMI=%82%a0&H_NO_GENGO=H&H_NO_
YEAR=&H_NO_TYPE=2&H_NO_NO=&H_FILE_NAME=H07HO014&H_
RYAKU=1&H_CTG=1&H_YOMI_GUN=1&H_CTG_GUN=1

(7) 地区防災計画

災害対策基本法第42条3項及び第42条の2に地区防災計画が規定されている。

http://law.e-gov.go.jp/cgi-bin/idxselect.cgi?IDX_OPT=1&H_NAME=%94%ed%8d%d0%8
e%73%8a%58%92%6e&H_NAME_YOMI=%82%a0&H_NO_GENGO=H&H_NO_
YEAR=&H_NO_TYPE=2&H_NO_NO=&H_FILE_NAME=H07HO014&H_
RYAKU=1&H_CTG=1&H_YOMI_GUN=1&H_CTG_GUN=1

(8) 大規模災害からの復興に関する法律

国の緊急対策本部が設置される巨大災害を特定大規模災害、国の災害対策本部が設置される大災害を特定大規模災害「等」として、各特例を書き分けているので注意する。

http://law.e-gov.go.jp/cgi-bin/idxselect.cgi?IDX_OPT=1&H_NAME=%91%e5%8b%4b%9
6%cd%8d%d0%8a%51&H_NAME_YOMI=%82%a0&H_NO_GENGO=H&H_NO_

● 第1章　住民の安全を守る

YEAR=&H_NO_TYPE=2&H_NO_NO=&H_FILE_NAME=H25HO055&H_RYAKU=1&H_CTG=1&H_YOMI_GUN=1&H_CTG_GUN=1

第2章
地域経済を再生する

　東京都心その他札幌などのブロック中枢都市の都心部では、民間事業者を中心とする都市開発の需要は、依然として大きい。これらの大都市都心では我が国の経済成長の拠点として都市計画を活用していっそう魅力を高め、世界経済と戦い日本経済を引っ張っていくことが期待される。
　一方、それ以外の都市（ブロック中枢都市以外の政令指定都市及び県庁所在市を含む。）では、人口減少、特に生産年齢人口の減少に伴い民間都市開発の需要は減少してきている。これらの都市では、サービス業を中心として地域経済を循環させていくことによって一人当たりの所得を維持し、市民の生活環境や幸福感を確保していくことが重要である。
　具体的には、新しく大規模な都市開発をするのではなく、既に存在する空き家や空きビル、さらには都市公園や駅前広場などの公共空間を稼ぐ空間にリノベーションしていくという、地道ながら収益とビジネスにつながっていく取組みが重要である。

● 第2章 地域経済を再生する

地域経済を再生するための施策マトリクス

	現実の問題	政策の基本的方向	
		マスタープラン	主体
地方都市の中心市街地	①まちなかの地域経済の衰退、商店街のシャッター化 ②空き家・空き地の発生 ③将来的に空室化が進み設備の維持管理が危惧される中高層分譲マンションの建設ラッシュ	①地方都市の中心市街地において、面的な範囲を決めて、民間ビルをリノベーションして再生する事業 ②公有地、公共建築物を活用した公民連携事業 ③地方都市の周辺部での住宅立地や商業施設立地の抑制	①民間事業者が主導して、公有地所有者と民間事業者との複合建築、複合改修を推進 ②不動産所有者と空きビル利用希望者による連携
大都市郊外部と地方都市郊外部	①高齢者の買い物・医療・介護難民化 ②空き地、空き家の発生 ③将来の人口減少が見込まれる地区での中高層分譲マンションの建設	①大都市圏での正確な人口世帯推計、人口フレームの設定 ②大都市圏での高齢者難民化の広域的な把握、目標設定	①UR都市機構、地方住宅供給公社、電鉄会社が出資して、地域SPC法人を設立し、総合的な生活サービス主体として先駆的な役割を果たす。
東京都心・ブロック中枢都市都心	①国際競争力の新興諸国からの追い上げ ②東京都心での通勤混雑 ③羽田空港への新線対応 ④臨海部での大規模な実質的空閑地の発生 ⑤環状道路沿いに無秩序な物流拠点立地	①国家戦略としての対象都市への政策と予算の選択と集中 ②イノベーションが生まれるための職場環境、居住環境、教育環境の整備	①国家戦略として、東京都心ほか大都市都心について政府、地方公共団体、大学、民間で一体的な計画策定をする。 ②個別のプロジェクトは民間都市開発事業者が事業主体となる。

● 地域経済を再生するための施策マトリクス

土地利用規制	事業手法	支援手法
①第一種低層住居専用地域でのコンビニエンスストア、福祉事業所立地のための用途規制の特例許可、空きビル再生のための建築基準法での証明書発行など運用改善 ②空きビルを宿泊所に用途変更する際の旅館業法の手続の柔軟化 ③郊外部での商業等の立地抑制 ④中高層分譲マンションを抑制するための高度地区による絶対高さ制限	①中心市街地の小さな地区で一つ一つの空きビルをリノベーションしていき積み重ねていく手法 ②市街地再開発事業、土地区画整理事業のような換地、権利返還ではなく、買収型の新たな市街地整備手法の開発	①リノベーション事業、公民連携事業に対する政策金融
①住宅団地に係る土地利用規制（一団地の住宅施設、一団地認定）などの解除を円滑にできるようにする。 ②将来需要が減少する見込みの地区での中高層分譲マンションの建設を抑制するため高度地区による絶対高さ制限を導入する。	①UR都市機構、電鉄会社による団地再生、建て替え事業の実施 ②市区町村が、空き家を借り上げ公営住宅に活用する。	①付随する福祉、医療などの生活サービス事業への政策金融
①都市再生特別地区など規制緩和措置の集中実施 ②電鉄会社が都市開発する際には都市計画規制緩和とあわせて通勤混雑緩和策を求める。 ③臨海部での土地利用転換にあたって一時的に事業者の収支がとれるからといって超高層分譲マンションに安易に依存しないよう必要な規制をする。 ④国際港湾、国際空港、高速道路周辺での物流拠点誘導地域の設定	①民間都市開発事業の行う公共施設整備に対する補助 ②市街地再開発事業等を積極的に展開 ③駅上空を有効に活用できる事業手法の創設 ④物流拠点の広域的な計画的配置に基づく事業手法の創設	①東京都心など潜在力が高く、土地集約に時間のかかるプロジェクトに対する政策金融 ②経済的ポテンシャルの高い事業は補助金より政策金融を重視する。

● 第2章 地域経済を再生する

	政策の基本的方向			運用・予算面での対応
	住民参加	公共施設管理	財源確保	
地方都市の中心市街地	①やる気のある不動産オーナーと先進的な経営・建築双方に優れた先駆的なイノベーターとの連携、共同事業化（リノベーションスクールなど）	①駅前広場、アーケードを除却したあとの区画道路を都市公園と兼用工作物にして民間開放	①公共空間の再整備に対して都市計画税を充当する。②受益者負担制度の充実	①市街地再開発事業等は民間又は政府金融機関の融資とセットで補助事業を実施する（長期的に採算のとれない事業抑制のため）。②リノベーション事業に対する政策金融の実施 ③リノベーション事業での用途規制が緩和しやすいよう、市町村マスタープランに位置づける。
大都市郊外部と地方都市郊外部	①地域住民がUR都市機構などが出資する地域SPC法人に参画し、必要に応じて住民出資	①団地内の公園や道路などの空間を民間に開放する。	①都市計画税の収入を都市計画事業として実施する団地再生事業に活用する。②受益者負担制度の充実	①電鉄会社、UR都市機構と政策金融機関等の出資による地域SPC法人の設立支援 ②第一種低層住居地域などで用途緩和許可が出しやすいよう、福祉事務所等立地誘導のゾーンを市町村マスタープランで位置づける。
東京都心・ブロック中枢都市都心	①地権者からの都市計画提案の積極的活用	①民間事業者が整備する公共空間の民間事業者管理への解放	①東京都においては、財政調整制度（固定資産税等を特別に配分する制度）を、より国家戦略上重要な地区への重点配分をする②受益者負担制度の充実	①都市再生緊急整備地域の対象都市及び対象地区の絞り込み ②都市再生特別地区の設定に当たっては鉄道駅利用者の利便性向上を考慮する。③国の大都市圏計画又はその指針において、広域物流拠点の誘導地区と臨海部の用途転換方針を明確化する。④大都市都心での住宅フレームの明示とそれを超える超高層住宅プロジェクトに対する容積率特例制度の適用を抑制する。

● 地域経済を再生するための施策マトリクス

当面講ずべき制度改革案	最終的に実施すべき制度改革案
①「持続可能・自立型都市再生計画制度」を創設して、リノベーション事業、公民連携事業に対する政策金融措置を創設 ②当該区域内での用途規制の緩和及び単体規定の証明書など運用緩和措置の創設 ③当該区域内での都市公園法の公園施設の対象範囲の拡大	①「持続可能・自立型都市再生計画」内の「広場」の管理の特例を創設する（自由使用の原則、収益事業の自由化）。 ②建築物の管理と一体となった耐火性能の確保の規定の創設 ③リノベーション、公民連携事業に特化した官民ファンドの創設 ④建築物のリノベーション、公民連携事業による周囲からの受益者負担制度の創設
①「持続可能・自立型都市再生計画」制度の創設とそれに対する政策金融、助成措置の創設 ②地域で生活サービスを総合的に提供する地域SPC法人への認証制度の創設 ③当該区域内での福祉事業所等の用途規制緩和措置及び単体規定の運用緩和措置の創設	①都市計画の用途規制と建築基準法の集団規制の一体化、用途規制緩和と手続の一本化 ②建築基準法の耐火関係規定と消防法の建築物関係規制の一本化、市町村内での部局の一元化、管理と一体的になった総合的な耐火性能の確保 ③UR都市機構、地方住宅供給公社など公法人による生活サービス業務の本来業務化
①都市再生緊急整備地域の指定に当たって、例えば過去5年間の緊急整備地域特例の実績がない地域を除外する。 ②税制、出融資の支援措置を国際競争力の強化を目的とする緊急整備地域に限定 ③大都市圏での物流拠点の整備事業の法制度化 ④区分所有建物の維持管理のルールの法定化	①大都市の都心での容積率緩和制度を「スーパー都市再生特別地区」に一本化する。 ②民間事業者と都市計画決定権者の協議・協定制度を法定化する。 ③鉄道駅上空及び周辺整備の事業制度の特例を創設する。 ④超高層分譲マンションの老朽化、不良資産化を踏まえた、建て替え又は除却事業手法の創設

第1節
政策課題〈初級編〉
地域経済再生のための都市計画

　都市計画は、従来、民間主体の旺盛な事業意欲と大規模な公共事業を前提に、まず、土地利用計画と適切な機能の配置をイメージして、それを実現する事業を立ち上げていくという発想をとってきた[1]。これは、供給すれば需要が追いつくという経済学の「セイの法則」のように、先に都市計画（開発区域や基盤整備計画、容積率などの土地利用規制の内容）を定めれば、公的主体に加え民間事業者が都市計画を実現するように事業がついてくると想定しているものであり、高度成長期はそれで問題がなかった。

　しかし、現状及び将来において民間事業主体による都市再生事業は東京都心などの限定された地区以外では期待できず、また、国及び地方の厳しい財政状況を背景として大規模な公共事業もそれほど期待できない。

　よって、むしろ現時点で生まれている民間事業者や地域共同体での新しい事業の動きを財政効率的な政策金融による支援で伸ばしていき、相互にシナジー効果をあげて事業ポテンシャルを実現していく、そして、その事業ポテンシャルが事業に結びつきやすいように都市計画を考えるといった、事業の新しい種を育てるという発想への転換が必要となると考える。

　この問題意識に基づいて、暮らしを支える地域経済の再生のための都市計画の視点と課題の再整理を行う。

● 第 1 節　政策課題〈初級編〉：地域経済再生のための都市計画

I　国土の地域区分の考え方

　現行法の計画体系は、東京、名古屋、大阪を中心とする連担した市街地を囲む首都圏、中部圏、近畿圏とその他の地域で、国土計画や都市計画などを立案、各種の事業を実施していく形となっている。

　しかし、最近の大都市の商業地の地価の絶対水準とその動向や地域別の名目総生産の動きをみると、東京23区と周辺の政令指定都市、名古屋市、大阪市と周辺の政令指定都市、札幌市、仙台市、広島市、福岡市などの大都市に限ってのみ、経済ポテンシャルが際立って高く、民間事業者による都市開発事業が従来どおり期待できる。

　その一方で、これらの大都市ではない政令指定都市、県庁所在市、それ以下の人口規模の都市は、商業地の地価の絶対水準やその動向等を踏まえると、都心部でも従来型の民間事業者主体の都市開発事業はあまり期待できない状況である（図表15～17）。

　よって「東京23区とその周辺の政令指定都市とブロック中枢都市」以外の都市では、従来型の民間都市開発事業に依存した視点ではなく、新たな発想の都市計画を検討していく必要がある。

　また、三大都市圏の郊外部のニュータウンをはじめとする住宅団地、地方都市郊外部の住宅市街地においては高齢化が進展し、空き地・空き家などが目立ってきている。さらに、高齢者の買い物が困難になり、また、介護・医療のサービスを適切に受けられない状況が進んでいる。住宅市街地のさらに外側の農山村部では、既に高齢化が進行しきってしまい、高齢者が数人だけの集落なども生じており、買い物、医療・福祉サービスが行き届かない現実が生まれてきている。

　このような郊外部の住宅市街地や農山村の地域再生を考える上では、商業地で行われる民間事業者の潜在力は期待できない。その代わりに、第一に地域コミュニティの力、共助の力を活かすとともに[3]、第二に医療・介護など、政府から所得再配分の一環として当該地域の人の生活に対して提供される財政支援、いわば社会保障力を重視していく必要があると考える。

　このような問題意識から、大まかな地域区分を①地方都市の中心部、②大

● 第2章 地域経済を再生する

■図表15 都道府県庁所在地の商業地「最高」価格

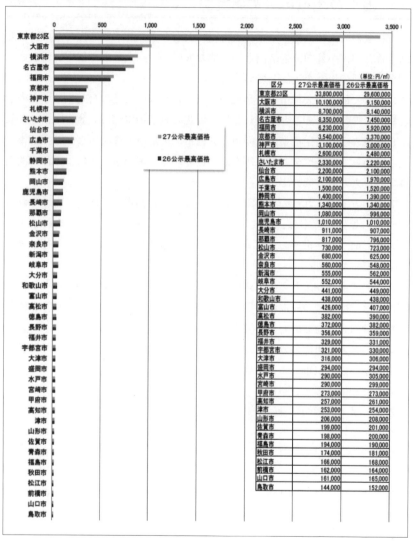

(単位：円/㎡)

区分	27公示最高価格	26公示最高価格
東京都23区	33,800,000	29,600,000
大阪市	10,100,000	9,150,000
横浜市	8,700,000	8,140,000
名古屋市	8,350,000	7,450,000
福岡市	6,230,000	5,920,000
京都市	3,540,000	3,370,000
神戸市	3,100,000	3,000,000
札幌市	2,600,000	2,480,000
さいたま市	2,330,000	2,220,000
仙台市	2,200,000	2,100,000
広島市	2,100,000	1,970,000
千葉市	1,500,000	1,520,000
静岡市	1,400,000	1,390,000
熊本市	1,340,000	1,340,000
岡山市	1,080,000	996,000
鹿児島市	1,010,000	1,010,000
長崎市	911,000	907,000
那覇市	817,000	796,000
松山市	730,000	723,000
金沢市	680,000	625,000
奈良市	560,000	548,000
新潟市	555,000	562,000
岐阜市	552,000	544,000
大分市	441,000	449,000
和歌山市	438,000	438,000
富山市	426,000	407,000
高松市	382,000	390,000
徳島市	372,000	382,000
長野市	356,000	359,000
福井市	329,000	331,000
宇都宮市	321,000	330,000
大津市	316,000	306,000
盛岡市	294,000	294,000
水戸市	290,000	305,000
宮崎市	290,000	299,000
甲府市	273,000	273,000
高知市	257,000	261,000
津市	253,000	254,000
山形市	206,000	208,000
佐賀市	199,000	201,000
青森市	198,000	200,000
福島市	194,000	190,000
秋田市	174,000	181,000
松江市	166,000	168,000
前橋市	162,000	164,000
山口市	161,000	165,000
鳥取市	144,000	152,000

● 第1節　政策課題〈初級編〉：地域経済再生のための都市計画

都市の郊外部、③地方都市の住宅市街地、④東京都心、東京周辺政令市及びブロック中枢都市の都心に分けて、都市計画の課題、都市や地域における民間企業・地域コミュニティ・社会保障力などの潜在力、都市・地域再生の政策目標、新しい事業の動きなどについて、以下のⅡ～Ⅴで論点整理を試みる。

　なお、論点整理の全体像は、図表18にまとめてある。

■図表16　県庁所在市の平成27年商業地対前年度変動率

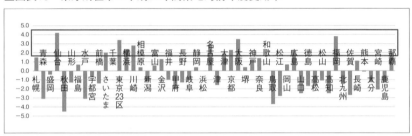

（備考）図表15、16とも国土交通省平成27年地価公示による。

■図表17　市町村ごとの名目総生産の伸び（2010－2011）　　　　　　（百万円）

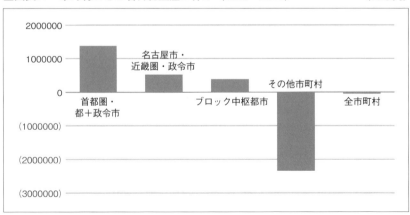

（備考）内閣府県民経済計算注2）による。

91

● 第2章 地域経済を再生する

■図表18 地域別にみた都市計画の視点

		地方都市中心部	都市郊外部	農山村
都市計画の課題 (今後5年から10年を想定)		①商店街の衰退 ②空き家・空き地問題	①空き地・空き家問題 ②高齢者の買い物、医療介護サービスの困難化	
経済状況		停滞	停滞	衰退
地価状況		下落	下落	下落
都市と地域の潜在力	企業力	普通	やや弱い	弱い
	コミュニティカ	普通	普通	強い
	社会保障力			
都市計画の目標		①一人当たり所得(=総生産)の維持		
新しい都市再生・地域再生プロジェクトの事例		①岩手県紫波町のオガール紫波の公民連携事業 ②北九州家守舎による小倉地区のリノベーション事業	①長岡市のこぶし園の小規模福祉サービス施設	①あば村(岡山県津山市阿波地区)、山口市仁保地区での住民出資型会社による住民サービス事業
都市計画の方向		①公有地・公共建築物を活用した公民連携事業の実施 ②中心部の空きビルを活用したリノベーション事業 ③駅前広場、都市公園を賑わい空間に活用	①医療、福祉、公共交通から買い物サービスなど生活サービスを地域総合的に支援する地域協働事業の推進	
都市計画と住民参加の考え方		①公民連携事業は、まず、市町村と事業者が共同で、その核となる事業とその効果が及ぶ周辺地域を一つのゾーンとして決定、事業の段階的かつ柔軟な実施計画を立案 ②リノベーション事業は地価水準が想定的に低い地区を狙って、シナジー効果がでるゾーン(例えば60m四方)を市町村が決定、地権者と事業者の同意がとれたビルからリノベーションを開始。ゾーン内で、ランダムに事業が発生することを前提 ③地権者や住民、地元事業者の当初からの積極的参画が重要	①都市計画の考え方は現状は不明確 ②大都市周辺部の成功事例をつみあげつつ、今後、空間計画のあり方を検討 ③住民の意向を丁寧に反映させることは重要	①集落の残った機能をできるだけ維持する ②住民の意向を丁寧に事業に反映させることは重要
規制緩和に係わる課題		①リノベーションに伴う建築基準法手続の明確化 ②旅館業法など空き室利用のための柔軟運用、国際観光ホテル整備法の見直し ③駅前広場や都市公園の民間開放のための規制緩和	①第一種低層住居の用途規制緩和、空き家の福祉転用等のための建築基準法等の柔軟運用	①空き家の福祉転用等のための建築基準法等の柔軟運用
政策金融に係わる課題		①公民連携事業、リノベーション事業に対する政策金融による支援の充実	①団地再生事業への支援の充実 ②地域SPC法人の設立時の支援	①地域SPC法人の設立時の支援
インフラ整備の補助金に係わる課題		道路橋の更新事業への支援など現状のインフラの		

● 第 1 節　政策課題〈初級編〉：地域経済再生のための都市計画

大都市郊外部	東京都心	大都市都心
①空き地・空き家問題 ②高齢者の買い物、医療介護サービスの困難化	①国際競争力の強化 ②拠点開発と都市基盤整備 ③エネルギー自立システムの導入 ④公共交通機関の充実強化、サービス向上	
停滞	上昇傾向	
停滞	上昇傾向	
普通	非常に強い	強い
普通	弱い	やや弱い
比較的全国統一的制度		
	①他の地域のマイナスを補ってプラスとなる地域総生産の増加 ②一人当たり総生産（＝所得）の増加	
①UR豊四季台団地での福祉事業と一体的な団地再生 ②東急電鉄と横浜市による次世代郊外まちづくり住民創発プロジェクト	①東京都港区・千代田区・中央区などでの民間デベロッパーによる基盤施設整備を伴った大規模都市再生事業	
①UR都市機構・電鉄会社などを核にした団地再生 ②地域の総合的な生活支援サービス企業体の育成	①国の経済成長の牽引役としての都市再生を推進 ②国際競争力拠点に対して、国、地方公共団体、民間企業、大学など総力を挙げて支援	
①UR都市機構など公的賃貸住宅を核とする場合には、団地とその周辺のゾーン設定、周辺へも生活サービスが可能な福祉施設等の立地計画を策定 ②電鉄会社の開発した団地再生は、電鉄会社と市町村が共同で、再生プロジェクトとその周辺でのサービス提供地域をゾーンとして決定 ③大規模地権者、事業者と住民の意向の丁寧なすりあわせが重要	①国が集中的に支援する地域を決定（国土全体からみて経済ポテンシャルのある地域を選定） ②都又は政令市が都市計画権限を行使 ③民間都市開発事業者からの都市計画提案 ④高度利用に伴うインフラ負荷のチェックと周辺居住者の理解を得ること	
①一団地の住宅施設の廃止、一団地の総合的設計の認定の廃止などへの柔軟な対応 ②第一種低層住居の用途規制緩和、空き家の福祉転用のための建築基準法等の柔軟運用	①容積率緩和などを行う都市再生特区制度など、都市計画緩和制度の活用・充実	
①団地再生事業への支援の充実 ②地域SPC法人の設立時の支援	①民間都市開発に対する支援の充実	
維持・改良・長寿命化への支援	①交通基盤、エネルギー基盤などへの補助の充実	

● 第2章　地域経済を再生する

Ⅱ　地方都市中心部の課題

1　都市計画の課題

　この地域では、中心市街地の商店街の衰退、空き地や空き家の点在といった地域経済の停滞状況が大きな問題となっている。都市の中心部、いわゆる中心市街地はこれまで基盤整備に大きな投資を行ってきて、都市のなかでは比較的高い経済ポテンシャルを持っているにもかかわらず、具体的な担い手が現れず、大きな改善が図られていない。一方で、大都市と異なり、比較的地域のまとまりやコミュニティ力が存在することから、世代交代などによって若手の経営者が前面に出てくれば、大きく変化する可能性を秘めている。

2　都市計画の目標

　この地域は、東京都心や大都市都心のように、海外と競争して高い地域総生産の伸びを期待するのは難しい。むしろ、地域住民の幸福度と大きな関係のある、一人当たりの所得を落とさない「一人当たりの所得の維持」を目標とすべきと考える[4]。この場合であっても、地方都市では生産年齢人口が減少していくことから、ローカルな経済としての地道なイノベーションが行われることが必須である。

3　新しい都市・地域再生プロジェクトの事例

　岩手県紫波町の公有地を活用した「オガール紫波」などの公民連携事業、「北九州家守舎」による小倉地区でのリノベーション事業など、政策金融機関と地元金融機関によるファイナンスを中心として事業を組み立て、初期投資を少なくして事業採算性を確保する事例が生まれてきている。この二つの地区では地価上昇、歩行者交通量の増加など具体的な活性化の効果が現れている。[5]

● 第1節　政策課題〈初級編〉：地域経済再生のための都市計画

4　都市計画と住民参加の考え方

　公民連携事業については、核となる公民連携事業による経済効果がその周囲に及んで、段階的に次のプロジェクトが生まれていくことが重要である。このため、都市計画マスタープランや具体の都市計画の策定においては、核となる公民連携事業に関係する事業者だけでなく、次の事業のポテンシャルを持っている周辺地域を、市町村と公民連携事業の事業主体が見定めて、その周辺地域の地権者や住民を、都市計画等の策定プロセスに早期に巻き込んでいることが必要である。また、公民連携事業の実施に当たっては、市町村は所管部局の縦割りを排除して、都市公園や広場、運動施設から公共建築物の建築などの整備によって多くの人を誘導できるよう総合的な計画を立てた上で、段階的に事業を実施していくことが重要である。

　空き家や空きビルのリノベーション事業については、中心市街地で相対的に地価や賃料が安い地区をターゲットにして、最初は60m四方ぐらいの狭いゾーンを市町村が設定して、そのなかで地権者であるオーナーの協力を求めていく。その協力が得られた物件から、当該ゾーン内でランダムにリノベーション事業を実施していく。そして、ある程度リノベーション事業が積み重なってきたら、その効果が周辺に波及できるように、誘導すべきゾーンを拡大していくといった戦略が重要である。

5　今後の都市計画の方向

　都市のまちなか再生のための具体的政策方向については、第2節Ⅰ、Ⅱで述べているので、参照していただきたい[6]。

　特にリノベーション事業については、規制改革会議において建築基準法の単体規定についての議論が行われている[7]。建築物の安全性に係わる問題であり、安易に規制緩和すべきものではないが、少なくとも建築確認済証のない建物の用途変更などに伴う各種の手続面での改善は早急に実施すべきと考える。

III　大都市郊外部の住宅市街地の再生

1　都市計画の課題

　全国の住宅市街地では、空き家・空き地問題と高齢化に伴う買い物難民や医療・介護サービスが高齢者に行き届かないという問題が発生している。特に、大都市郊外部では、いわゆるニュータウン開発を都道府県や地方住宅供給公社、日本住宅公団（現独立行政法人都市再生機構。以下「UR都市機構」という。）などが短期間に開発して分譲した結果、現時点で一団地の特定の地区が一斉に高齢化するといった問題が生じており、深刻な問題となっている。

　一方、都道府県やUR都市機構などの公的主体や民間の開発事業者のなかには、この課題の解決をビジネスチャンスとして取り組む動きがでてきており、全国の郊外の住宅市街地の再生のモデルとしての展開が期待されている。

2　都市計画の目標

　都市の中心部と同じく、住民の幸福度を維持するためには「一人当たり所得を維持」することを目標とすべきである。

3　新しい都市・地域再生プロジェクトの動き

　UR都市機構は、重要な業務として団地再生を位置づけており、既に、医療や介護、さらには就業の場の再生と同時に団地再生を行った事例として、豊四季台団地（千葉県柏市）の事業がある[8]。

　また、電鉄会社も鉄道整備に伴う団地開発が一段落したことから、団地の活力を維持して鉄道利用者を確保するとともに団地で必要とされる様々な生活サービスを総合的に提供する試みを始めている。例えば、横浜市と東急電鉄が始めた「次世代郊外まちづくり」の動きもその一環として考えられる[9]。

● 第1節　政策課題〈初級編〉：地域経済再生のための都市計画

4　都市計画と住民参加の考え方

　豊四季台団地など団地再生の事例は、現時点では、団地内での高度利用の実現と空いた土地の売却、それに伴う福祉施設などの誘致といった段階にとどまっている。しかし、都市計画の観点からいえば、団地だけではなく周辺の住宅市街地においても高齢化は進んでいるのだから、団地再生に伴ってできるだけ、周辺の住宅市街地の生活環境の改善も図る必要がある。

　そのためには、UR都市機構などの公的主体が団地再生を手がける場合には、都道府県や市町村とも協力して、団地を核として団地の区域より広いゾーンを設定し、必要な小規模福祉施設の空き家を活用して、散在的に配置する施設計画を行い、総合的に生活サービスを改善することなども重要と考える。

　また、電鉄会社の行った住宅開発地で電鉄会社と市町村が連携して生活サービスを提供する事業については、鉄道沿線の市町村が連携して、場合によっては、都道府県の広域的な計画に当該事業を位置づけて、その効果が広く住民にいきわたるようにすることが重要である。また、電鉄会社と地域の住民の共同出資による地域SPC法人の構築なども考えられる。

　なお、UR都市機構や電鉄会社の開発した住宅開発地での再生事業を実施するに当たっては、居住者や周辺の地域住民と大規模地権者であるUR都市機構や電鉄会社とで十分に意思疎通を図り、双方がWin-Winとなるような事業モデルを展開していくべきである。

5　今後の都市計画の方向

　大都市郊外部の団地再生にあたっては「一団地の住宅施設」の都市計画を廃止し、または「一団地の総合的設計の認定」を解除するなどの手続が必要となり[10]、行政当局の柔軟な運用が求められる。

　また、中高層建築物で構成される団地再生事業以外にも、周辺の一戸建ての住宅市街地の再生が課題である。その場合には、空き家を居宅介護サービスの事務所に活用したり、福祉施設に転用するなどの事業の可能性がある。

● 第2章　地域経済を再生する

　しかし、これに対して、都市計画の用途規制の緩和と建築基準法と消防法の課題がある。福祉施設への転用については消防法等の規制が強く、今すぐには解決できないが、とりあえずシェアハウスのような住宅として利用する、または、用途規制を緩和して居宅介護サービスの事務所の設置を可能にするなど、可能性を探っていくべきである[11]。

　また、大都市の住宅市街地の再生に関する事業が必要な地域は膨大であることから、財政支援については、財政効率的に多くの事業を支援できるよう、UR都市機構だけでなく電鉄会社などの民間事業者の各種の意欲的な取組み、設立した地域SPC法人への出融資など、政策金融制度の充実を検討すべきと考える。特に、現状の消防法等を前提にすると、空き家の戸建てを福祉施設にすることは困難であるが、既述のとおり、住宅団地の空き家の複数の住宅をシェアハウスとして単身高齢者が居住し、その中心にある空き家を居宅介護サービスの事務所として利用することによって、例えば、有料老人ホームのような福祉施設が、住宅団地の中に「平面的に散在する住宅・介護サービス事務所のネットワーク」で機能的に実現するという可能性を検討すべきである。

Ⅳ　地方都市郊外部の住宅市街地の再生
　　―農山村集落も視野に入れて―

1　都市・地域の課題

　地方都市の郊外部の住宅市街地は、大都市の住宅団地と同様に空き地、空き家問題と高齢者の買い物難民問題、医療・介護サービスが行き届かない問題が発生している。これは農山村集落も同じである。

　特に、地方都市の郊外部では、大都市郊外の住宅団地におけるUR都市機構や電鉄会社のように、再生事業をビジネスとして立ち上げる事業主体がいない点、そして、居住人口密度が低い点が、いっそう課題解決を困難なものにしている。この課題は農山村集落でも同じ若しくはより深刻であるもの

● 第1節　政策課題〈初級編〉：地域経済再生のための都市計画

の、農山村集落は地域コミュニティ力が強いことを活かして、地域共同体で支えあう協同主義的なビジネスモデルが生まれてきている。このような動きもにらみながら、課題解決を探っていく必要がある。

また、地方都市の住宅市街地や農山村集落では、介護や医療といった人の生活を支える社会保障の資金が、他の資金に比べれば相対的に潤沢に地域に落ちてきており、この資金力を活用することも視野に入れる必要がある。

2　都市計画の目標

これは、大都市周辺部の住宅市街地を同じく、「一人当たりの所得の維持」が目標と考える。

3　新しい都市・地域再生プロジェクトの動き

地域コミュニティの力を活かして、農協が撤退した後の店舗やガソリンスタンドを住民出資の合同会社が買い取って運営する事例が農山村で生まれてきている（例：津山市阿波地区〈旧：阿波村〉の合同会社「あば」）。このような地域共同体の組織力や社会関係資本を活かしたビジネスモデルについては、農山村集落で可能であるならば、比較的昔ながらの隣づきあいや自治会活動が維持されている、地方都市の郊外部でも十分可能性があると考える[12]。

また、地方都市などの経済規模になると、福祉関係でのサービス事業の展開も住宅市街地再生のきっかけになると考えられる。例えば、長岡市のこぶし園では、「コンビニエンスサービス」と称して、20か所の小規模で多機能なサポートセンターやデイサービスセンターを運営しており[13]、これも地方都市での住宅市街地再生の可能性を秘めていると考える。

4　都市計画と住民参加の考え方

現状では、地方都市の郊外部の住宅市街地の再生について、具体的なビジネスモデルが存在しないことから、現時点では都市計画の方向性についても

● 第2章　地域経済を再生する

二つの方向がありうる。

　一つは、大都市周辺部での団地再生のモデルが地方都市の郊外部で展開できるかどうかを検討する際に、団地再生と同様の都市計画のあり方を検討する可能性がある。

　もう一つの方向としては、福祉サービスの地域における小規模多機能分散型の施設配置の計画や事業を尊重し、そのサービスエリアを単位として地域SPC法人としての総合的生活事業の組み立てを検討していくという方向もあると思う。

　いずれの方向であっても、住宅市街地で最も困っている高齢者などの社会的弱者の声をよく踏まえて、彼ら、彼女らの幸福度が低下しないように空間的なイメージをもった生活サービス事業を展開していくことが基本と考える。

5　今後の都市計画の方向

　Ⅲでも述べたが、一戸建ての住宅市街地の再生のための政策の方向性は、地方都市の郊外部にも当てはまる。特に地方都市の郊外部の住宅市街地においては、大都市の住宅団地と異なり大きな団地再生を行って余剰床を出し、都市開発事業主体が利益をあげるビジネスモデルは成立できない環境にある。

　このため、地域の住民がお金と力を出し合って支えあいつつビジネスを成立させていく協同主義的な組織体、地域SPC法人を組成させるから始める必要がある。そのためにも、このような組織体の組成段階から政策金融などの支援を行うとともに、地域共同体の公的な認証を行うことによって地域住民の参加と協力が得やすく、多くの住民に費用負担を求めて着実にビジネス展開ができるような制度的枠組みの検討をする必要がある。

● 第1節　政策課題〈初級編〉：地域経済再生のための都市計画

Ⅴ　東京都心及び大都市の都心の都市再生の視点と課題

1　都市計画の課題

　東京都心及び大都市の都心については、国際空港と国際港湾、それらとネットワークする高速道路、新幹線などの交通インフラが整備されているとともに、既に高い業務機能が集積していることから、国際競争力を強化して日本経済を牽引していく役割が期待されている。これは、前掲図表15で示した商業地の地価水準とその動向からいっても明らかである。

　高い経済ポテンシャルを活かし、さらに、東京都心及び大都市都心で優れた人材同士がフェイス・トゥ・フェイスで向き合うことによって、グローバル経済の中で競争しつつイノベーションを起こし、今後とも日本の経済成長を牽引していくことが期待される。

　なお、現在の日本の大都市の国際競争力は東京をはじめとして高い水準にあるといわれているが、シンガポール、香港なども高い伸びを示して追撃してきており、予断を許さない状況にあることも認識しておく必要がある[14]。

2　都市計画の目標

　現在の社会保障制度など社会基盤となる制度を持続していくためには、政府の試算でも実質2％、名目3％程度の成長が日本経済には不可欠である。この日本経済の牽引役という役割を担うことを踏まえると、東京都心及び大都市の都心は世界市場と競争し、大都市以外の地域の経済のマイナス分を補って、さらに成長を続けられるよう高い経済成長を生み出すことが求められる。

　その意味で東京都心及び大都市の都心の都市計画の第一の目標は「地域別総生産の大きな伸びの実現」である。これを実現するためには、一人当たりの生産性を上げることが必須となることから、第二の目標として「一人当たり総生産の増加」が重要である。

● 第2章　地域経済を再生する

3 新しい都市再生プロジェクトの事例

　東京都心の千代田区、中央区、港区などでは、民間事業者による基盤整備を伴った大規模な都市再生事業が活発に行われている。このような民間事業主体による都市再生の動きを東京以外の大都市都心にまで行きわたらせる必要がある。都市再生を進めるために国が集中支援するという「特定都市再生緊急整備地域」という枠組みが都市再生特別措置法の制定（平成14年）によって設けられたことにより、東京都心の民間事業者による都市再生事業に弾みがついたと考えられる。この仕組みを他都市でも参考にすべきだろう。

4 都市計画と住民参加の考え方

　まず、どの地域を対象にして国際競争力を高める都市再生を進めるかについては、国土全体の視野から経済ポテンシャルのある地域を選定するという国土計画上の判断が必要である。選定された地域に対しては、東京都及び政令指定都市は都市計画権限を行使して規制緩和を実施するとともに、事業が確実に実現できるよう、民間都市開発事業者の都市計画提案を行政主体も積極的に受け止めていくことが重要である。
　なお、高度利用に伴う都市基盤への負荷のチェックと周辺住民への周知を行い、住民の理解を求めるため、都市計画に伴う丁寧な住民参加手続を行うことが当然必要である。

5 今後の都市計画の方向

　東京都心及び大都市の都心の都市計画の方向については、東京都心について述べた第2節Ⅲ[15]）を参照いただきたい。ここでは公共交通機関の整備、特に鉄道の整備や活用の考え方について補足する。
　日本の鉄道の定時性は通勤時を除いて世界に誇れるものであるが、通勤時の混雑は大都市問題として長く指摘されてきた。三大都市圏のうち、中部圏と近畿圏は鉄道混雑率が急激に緩和されてきている[16]）が、東京圏はやや改

● 第1節　政策課題〈初級編〉：地域経済再生のための都市計画

善が鈍い状況にある。

　東京都心では、鉄道会社も参加し、鉄道駅上空などを利用した都市開発が民間事業主体によって多数実施される予定である。この際、鉄道会社が公共交通の混雑率の改善など利用者サービスの向上に積極的に取り組むよう、都市計画特例、政策金融支援措置を通勤電車の混雑緩和とセットで行うことを検討する。通勤電車の混雑は経営的には黒字要因であり、現状では鉄道会社に本気で解消する意欲がわかないため、その解消のインセンティブを用意する。[17]

　ただし、東京都心は極めて大きな民間都市開発需要があるが、それ以外の大都市では現状で公営地下鉄事業が改善傾向にはあるものの過去の多額の建設投資によって一事業体を除き赤字経営となっていること[18]、近年注目されているLRT、路面電車も基本的に赤字経営となっていること[19]を冷静に分析する必要がある。

　このため、東京都心を除いては大都市の都心であっても、新たな鉄軌道を整備するなどの多額の初期投資は、将来への負の遺産になる可能性があり、慎重であるべきである。むしろ、運行サービスの向上や地下鉄の駅ナカ開発など、初期投資が少なく収益向上と利用者サービス向上にダイレクトに結びつく方向に重点を転換すべきである。

VI　まとめ

　第1節においては、従来の都市計画の思想が「民間都市開発や基盤整備は都市計画決定の後からついているもの」という認識を前提にしており、「その考え方自体が、現在の日本の経済社会状況や将来の見通しに適合していないのではないか」という問題を指摘した。

　そのうえで、思考法を転換して「現実に生まれている、生まれつつある新たな持続可能性のある都市・地域再生の動き」を踏まえて、「その事業ポテンシャルの質的違いから、大きく四つの区域に国土を分けて、都市計画の目標、都市計画の方向、都市計画の考え方、新しい都市計画の方向」を整理した。

● 第2章　地域経済を再生する

　その全体像は、前掲図表18で整理してある。

　なお、製造業などの工場立地による地方経済振興については、成熟型経済社会に突入した日本においては、近年、製造工場を海外に移転し、国内にはマザー工場と研究部門だけを残す傾向があると理解している。このため、今後は地方への工場立地の促進は地方経済対策としての意義が薄れていくと考えている。一方で、最近の円安傾向から、フルオートメーションで新しい雇用を生まない形態での国内工場回帰も若干みられるので、再評価が必要である。

　また、大都市の環状道路周辺で活発化している複合的な機能を持った新しい物流施設についても、基本的には東京都心をはじめとする大都市の都心部の国際競争力を維持するための機能と理解しているが、今後も継続的に新規開発が進むのかどうかについても全体の物資流動量の推進とあわせて、見極めが必要である。

■注
1)　参考文献1及び2参照。
2)　以下のURL参照。　http://www.esri.cao.go.jp/jp/sna/data/data_list/kenmin/files/contents/main_h24.html
3)　大都市と地方のコミュニティ力については以下の資料参照。　http://www.soumu.go.jp/main_sosiki/kenkyu/new_community/pdf/080724_1_si4.pdf
4)　参考文献3によれば、日本人の幸福感は、年収700万円程度までは年収と比例すること、年収が減少すると幸福感は著しく減少することが指摘されている。
5)　九州家守舎のリノベーション事業による経済効果は以下のURL参照。　http://test.yamorisha.com/app/wp-content/uploads/2014/09/3f0342f65e4aee3b2efa8cf60cb0fd8c.pdf
　　オガール紫波の経済効果について、『平成26年度土地白書』p.22参照。　http://www.mlit.go.jp/common/001042868.pdf
6)　地方創生に関する拙稿については以下のURL参照。　http://www.minto.or.jp/print/urbanstudy/pdf/research_01.pdf
　　http://www.minto.or.jp/print/urbanstudy/pdf/research_06.pdf
7)　規制改革会議でのリノベーションに係わる規制緩和の議論については以下のURL参照。　http://www8.cao.go.jp/kisei-kaikaku/kaigi/meeting/2013/discussion/150312/gidai1/agenda.html
8)　豊四季台団地の事業の資料は以下のURL参照。　http://www.ur-net.go.jp/east/

● 第1節　政策課題〈初級編〉：地域経済再生のための都市計画

chiba/program/tyouju/index.html
9) 次世代郊外まちづくりの資料は以下のURL参照。　http://jisedaikogai.jp/machizukuri2013/
10) 「一団地の住宅施設」「一団地の総合的設計の認定」については以下の資料参照。http://www.mlit.go.jp/common/001053577.pdf
11) 空き家の福祉転用の課題については、参考文献4が詳しい。
12) 農山村での住民の協同主義的なビジネス展開については、参考文献5が詳しい。また第3章第1節の注12も参照。
13) 長岡市のこぶし園の活動については以下のURL参照。　http://www.kobushien.com/index.php
14) 森記念財団の世界都市ランキング。　http://www.mori-m-foundation.or.jp/gpci/
15) 東京都心の再生に関する拙稿は以下のURL参照。　http://www.minto.or.jp/print/urbanstudy/pdf/research_10.pdf
16) 三大都市圏の鉄道混雑率の推移は以下のURLの資料参照。　http://www.mlit.go.jp/common/000225773.pdf
17) 東京の満員電車対策については、阿部等『満員電車がなくなる日』(角川SSC新書、2008年) 参照。
18) 公営地下鉄の各社の経営状況が整理されたものとして「公営地下鉄の建設資金と収益状況」(大和総研2012.5.17) 参照。http://www.dir.co.jp/souken/research/report/capital-mkt/12051701capital-mkt.pdf
19) LRT、路面電車の各社の経営状況が整理されたものとして、金髙太輝氏の論文を参照。http://repository.dl.itc.u-tokyo.ac.jp/dspace/bitstream/2261/52353/1/K-03433.pdf

■参考文献
1) 下河辺淳『戦後国土計画への証言』(日本経済評論社、1994年)
2) 栢原英郎『日本人の国土観』(ウェイツ、2008年)
3) 大竹文雄ほか『日本人の幸福度』(日本評論社、2010年)
4) 森一彦ほか『空き家・空きビルの福祉転用』(学芸出版社、2012年)
5) 小田切徳美『農山村は消滅しない』(岩波書店、2014年)
6) パットナム『哲学する民主主義』(NTT出版、2001年)
7) ダンカン・ワッツ『スモールワールド・ネットワーク』(CCCメディアハウス、2004年)
8) 諸富徹『地域再生の新戦略』(中央公論新社、2010年)
9) 冨山和彦『なぜローカル経済から日本は甦るか』(PHP出版社、2014年)
10) 赤瀬達三『駅をデザインする』(ちくま新書、2015年)
11) 青山吉隆『LRTと持続的なまちづくり』(学芸出版社、2008年)
12) 間宮陽介ほか編著『日本経済　社会的共通資本と持続的発展』(東京大学出版会、2014年)
13) 日本建築学会編『公共施設の再編』(森北出版、2015年)

第2節

政策課題〈応用編〉
地域経済再生のためにできること

Ⅰ 地方再生のための都市計画

　地方再生政策は、現在の我が国の内政上の最重要課題である。

　本節では、地方公共団体の職員との議論や経営的な視点からまちづくりに取り組む事業革新者（以下「イノベーター」という。）と積み重ねてきた議論を踏まえ、民間主導で始まっている新しい地方再生の動きや、隠れたポテンシャルのある公共空間、駅の新しい活用の仕方を提案し、税金をかけない自立的で実効性のある地方再生政策を提案する。

　特に、力点を置いたのは「民間の力によるまちづくりイノベーション」と「民間の力が展開する地方のまちなかへの注目」である。

　以下、地方再生政策について「地方のまちなかの活性化方策」「まちなかの公共空間を賑わい空間へ活用する」「駅を中心としたまちづくり」の3点から述べる。

1 地方のまちなかの活性化方策

（1）現在の状況と活性化方策

ア　駅周辺での市街地再開発事業では、商業床として売却ができず、行政が追加負担で床を保有する状況となる事例が多く発生し、地方都市の活性化に役立っていない[1]。土地区画整理事業については、そもそも地方都市では、まちなかに新たに道路を拡幅するニーズが減ってきており、また、都

● 第2節　政策課題〈応用編〉：地域経済再生のためにできること

市財政上観点からの補助裏（地方の負担分）を負担する余裕もなくなってきている。
イ　地方の商業者やその商店街等の団体への補助金による支援策は効果をあげていない。その結果が、全国の商店街のシャッター通り化である。
ウ　人口減少と高齢化が既に始まっている地方のまちなかでは、大規模な初期投資せずにニッチな需要を開拓する、イノベーターによる新しいビジネスモデルしか成立しない。また、現実にそのモデルだけが動いている。

(2) 制度の具体的な活用方法

ア　まちなかの公共建築物の建て替え又はリノベーションは、まちづくり会社を設立して、民間のプロと連携しつつ公民連携事業で実施する。[2)3)]
イ　公民連携事業の周辺では、空きビルのリノベーションを連鎖的に実施する。
ウ　アとイのプロジェクト双方とも、原則として政策金融機関の出資又は融資で対応する。補助金は初期投資や固定費が大きくなるため、原則として民間床部分には入れない。オガール紫波や北九州家守舎の活動は、まさにこの類型のプロジェクトの成功事例である。[4)5)]
エ　周辺の道路、公園、駅前広場などの空間は、公民連携事業で賑わいの空間として活用する（具体的な手法は3参照）。

(3) 今後の課題

ア　一般財団法人民間都市開発推進機構の出資等の業務は、都市再生整備計画の区域内に限定されているが、公民連携事業を支援するスキームとしては、ダイレクトに公民連携事業計画に基づいて実施できるようにすること。また、イノベーション事業に公共施設整備要件を求めることは無理があるので、まず、一定の地区内での公共施設の整備と小規模なイノベーション事業を出資等の支援対象とする。将来的には、イノベーション事業自体の公共性を正面から位置づけること。
イ　地方都市でビジネスとして起業し、持続的に収支を合わせられる、ビジネスの目利きと事業立ち上げのための人材を確保すること。

● 第2章　地域経済を再生する

ウ　市町村長及び市町村職員が、コンサルタントへ調査を丸投げするのではなく、自ら公民連携事業を立ち上げるという、明確な意識を持つこと。

エ　今後の市街地の開発事業手法として、災害時には防災拠点となり平時には地域経済の再生拠点となる、「一団地の防災拠点施設（土地収用対象施設）」（p.30参照）を制度化するとともに、用地取得費を市町村に補助する制度の創設を検討すること（津波復興拠点整備事業の平時の防災・まちなか版のイメージ）。

オ　民間事業者がまちなかでのイノベーションや公民連携事業を行うに当たって、地方公共団体ごとに運用方針がばらばらであるため、調整に無駄な時間を費やしている。旅館業法、食品衛生法、消防法等の規制緩和又は運用改善を行うこと。[6]

2　まちなかの公共空間を賑わい空間へ活用する

(1) 現在の状況と活性化方策

ア　地方都市のまちなかにある道路、公園、歩行者デッキなどは、地方公共団体の職員が公物管理法等いままでの規制の常識に縛られているため、有効活用がされていない。

イ　道路、公園の空間や駅前広場、歩行者デッキなどは、屋台や仮設店舗、移動販売車などによって賑わいと収益のあがる空間として活用できる絶好のポテンシャルのある空間と再認識すべきである。

ウ　さらに、民間事業者による活用に伴い必要な使用料を市町村が徴収することによって、維持管理費にあてることができることから、公共施設管理者と民間事業者がWin-Winの関係になる。

(2) 制度の具体的な活用方法

ア　歩行者デッキで、地方公共団体の独自の条例で管理されているものについては、市町村長の条例の解釈の柔軟化又は条例改正により、柔軟な民間事業者利用を行う。

● 第2節　政策課題〈応用編〉：地域経済再生のためにできること

イ　道路法に基づく道路の場合は、都市再生特別措置法第62条の規定に基づく都市再生整備計画区域内での道路占用の特例を活用する（ただし、警察署長協議あり）。
ウ　警察署長協議を事実上省略するため、道路法上の道路と都市公園との兼用工作物とする。また、都市公園法に基づく管理条例を緩和する（札幌市大通公園、名古屋市久屋大通公園）。[7]
エ　道路法に基づく道路の場合、都市計画広場として都市計画決定し、地方公共団体の条例を併せて定めることにより柔軟な管理運用ができる空間と位置づける（札幌市北3条広場、札幌市大通交流拠点地下広場）。[8]
オ　仮に、道路法に基づく道路を廃止して都市計画広場を位置づける場合、広場に沿った建築物の建て替えの際には、接道条件として建築基準法第43条第1項ただし書きを活用する。
カ　屋外広告物法に基づく屋外広告物条例は、民間事業者の利用を促進するために緩和する。

(3) 今後の課題

ア　まちなかのにぎわい空間を「都市広場」として法制度化し、建築物の建ぺい率制限の緩和（例えば、原則2％から20％程度に緩和）、許容される広場施設の範囲を都市公園法の公園施設の範囲より拡大する（例えば、子育て施設、医療施設、健康施設も対象にする。）とともに、占用基準も緩和を検討すること。
イ　建築基準法の道路の定義（建築基準法第42条）への都市広場の追加を検討すること。

3　駅を中心としたまちづくり

(1) 現在の状況と活性化方策

ア　大都市の都心部では、駅と駅前広場の上空がその経済的価値に比べて有効利用されていないので、経済的な最有効利用を実現できるよう誘導す

● 第2章　地域経済を再生する

る。
イ　地方都市では、駅前広場が実際の利用密度に比較して過大な空間となっていて、駅と周辺の商業施設などとの間に隔絶した雰囲気を生じさせているケースがある。このため、地方公共団体と鉄道事業者が連携して賑わい空間をより上手につくりあげる。
ウ　今後の人口減少で、地方都市の公共交通機関は通勤通学者という収益源が減り経営が厳しくなることが予想されるため、新規の整備方針としてはできるだけ初期投資が少なく、将来事業の規模を縮小しやすい方式を採用する。

(2) 制度の具体的な活用方法

ア　大都市の都心では、都市再生特別措置法に基づく「都市再生緊急整備地域」を駅及びその周辺に指定して、駅及び駅前広場の上空を建築物として利用する。その際、必要に応じて土地区画整理事業、市街地再開発事業を活用する。また、権利者が少数の場合は、鉄道部分も含んだ全体の都市開発に対して、政策金融機関がSPC出資又は融資を行い、民間事業者の主体的な有効利用を促進する。
イ　地方都市では、人口減少に伴い自動車利用者が減少すること、タクシー待ち空間まで公共側で用意する必要がないことなど、現在の駅前広場の施設設計を見直し、賑わいの広場空間を確保する。[9)] この駅前広場は、前記2 (2)で述べた各種の手法を使って、市町村及び鉄道事業者が協力し、民間事業者が商業的な空間として有効活用を図る。
ウ　鉄道の高架下の空間が有効活用されていない場合には、駅前広場機能を高架下に移設して、現在の駅前広場を賑わいの都市計画広場にする。
エ　駅の高架下、あるいは大都市では駅上空間を活用する。政策金融機関の出融資を活用して、介護施設、医療施設、子育て支援施設など、超高齢社会に対応した施設立地を誘導する。
オ　地方都市では既存の道路基盤を活かし、BRT（バス・ラピッド・トランジット）も含め新しいタイプのバスを活かしたまちづくりを実施する。そのため、道路法等の許可基準の緩和を踏まえ、停留所の広告物設置による

● 第2節　政策課題〈応用編〉：地域経済再生のためにできること

収入との見合いで、乗りやすく、情報提供機能も含んだバス停の設置を進める。また、コミュニティバス、デマンドバスの開始に当たっては、既存のバス営業路線との関係などを含めて、総合的な都市交通体系を十分市町村で検討した上で計画的にサービス提供を行う。[10]

(3) 今後の課題

ア　道路上空の建築物の建築については、建築基準法の道路内の建築制限規定（建築基準法第44条）等を解除する必要があるので、都市計画法、建築基準法、都市再開発法などの法令上の手当てが明確化されている。しかし、鉄道上空での建築物の建築に当たっては、例えば鉄道敷地と建築基準法の敷地の関係の整理など、法制度的にあいまいな部分が残っている。このため、法制度上又は運用方針の明確化を検討すること。また、鉄道抵当法の扱いの明確化について法律上の措置を検討すること。

イ　民間事業者（鉄道会社を含む。）が行う駅上空及び周辺の高度利用に対する政策金融を充実させること。

ウ　鉄道事業者が駅周辺の市街地において福祉施設を確保するなど、社会的貢献度の高いサービスを展開する際の支援を充実すること。

エ　快適なバス停留所、三角バスベイの整備など、バス停留所の質の向上に対する支援措置を充実すること。バス車両のハイブリッド化、低床化など、環境、高齢者に優しいバスへの支援も充実すること。

オ　BID（Business Improvement District：ビジネス活性化地区）に類似した、地域でバスの費用負担をする制度（一種の受益者負担制度）創設を検討すること。また、地域負担の無料バスについては、バス停設置に当たっての道路占用基準等の運用緩和を明確化すること。

カ　バス専用レーンという道路交通法上の位置づけに加え、道路法に基づくバス専用道路の位置づけを検討すること。

4　まとめ

2014年9月1日に行われた社会資本整備審議会都市計画部会の小委員会

● 第2章　地域経済を再生する

で、北九州家守舎の活動について、嶋田洋平氏と木下斉氏が説明を行った。最初に「補助金に頼らない」の合い言葉から説明を始めたように、彼らは補助金を受けずに政策金融措置のみで自由闊達に活動を行い、法規制や曖昧な法律の運用を乗り越えて、自立的なまちづくり、まちづくりのイノベーションを実施し、地方再生を実現している。彼らの活動のなかに、真に自立的でかつ持続的な地方再生政策のカギがあると考える。[11]

前述の1から3の政策提案は、彼らの活動に協力しながら得た知見であり、実際に補助金を使わずに自ら稼ぎ、行政には公共空間等の維持管理費の軽減のメリットまで与えているという、民間事業者の成功事例に裏づけられたものである。

近年は、地方で公共事業を行ってもフローの建設投資以上の効果を期待しにくく、また、地方での商業振興や起業者に対する支援もほとんど効果があがっていない。

これに比較して、国の費用負担が低く（政策金融措置は国の資金が循環するので、一度予算措置をすれば追加予算が不要）、確実に地方再生につながる前述の政策提案は有効なものと考える。

■注
1) 木下斉ほか「再開発事業等の施設開発の構造的課題と求められる転換」『アーバンスタディ』第58号　http://www.minto.or.jp/print/urbanstudy/pdf/u58_01.pdf
2) 佐々木晶二「民間都市開発に対する政策金融の新たな展開について」第3章『アーバンスタディ』第58号　http://www.minto.or.jp/print/urbanstudy/pdf/u58_07.pdf
3) 公民連携事業機構のHP　http://ppp-p.jp/
4) オガール紫波プロジェクト　http://www.ogal-shiwa.com/
　　オガール紫波では、産直施設に対して農林水産省の補助金を入れずに自由な経営をして、利益をあげている。
5) 北九州家守舎の活動　http://www.yamorisha.com/
6) 農家民宿の運用改善措置は、まちなかのビルや商店などのイノベーションや公民連携事業でも活用できるべきと考える。
http://www.oishii-shinshu.net/green-tourism/farmhouse/minshuku
7) 札幌大通りまちづくり会社の活動内容http://sapporo-odori.jp/
8) 大通交流拠点地下広場　http://www.city.sapporo.jp/kikaku/downtown/project/odori-plaza.html

● 第2節　政策課題〈応用編〉：地域経済再生のためにできること

　札幌市北三条広場　http://kita3jo-plaza.jp/
9) タクシー待ちの空間はタクシー会社が会社の費用で用意すべきであり、あとはショットガン方式を採用すべきと考える。　http://www.mlit.go.jp/kisha/kisha06/09/091024/01.pdf
10) LRTなどの軌道系を導入する場合には、中心市街地の自家用車の交通規制、受益を受ける地区の都市計画税の引き上げなど、総合的な都市対策を講じるとともに、増税分の補助を除いて、継続的に運営費補助のために税金を垂れ流すのでなく、民間事業者として一定期間内に、単年度黒字、累積赤字の解消になる経営条件を満たすことが必要だと、現時点では考える。
11) 嶋田氏の講演資料は、北九州家守舎のHPにある。　http://www.yamorisha.com/news/641

■参考文献
1) 清水良次『リノベーションまちづくり』（学芸出版社　2014年）
2) 三浦展『あなたの住まいの見つけ方』（ちくまプリマー新書、2014年）
3) 松村秀一『建築―新しい仕事のかたち』（彰国社、2013年）
4) 馬場正尊ほか『RePublic公共空間のイノベーション』（学芸出版社、2013年）
5) 馬場正尊『都市をリノベーション』（NTT出版、2011年）
6) 猪熊純ほか『シェアをデザインする』（学芸出版社、2013年）
7) スティーブ・ジョンソン『ピア』（インターシフト、2014年）
8) 大谷幸夫『空地の思想』（北斗出版、1979年）
9) 中村文彦『バスでまちづくり』（学芸出版社、2006年）
10) 矢島隆ほか『鉄道がつくりあげた世界都市・東京』（計量計画研究所、2014年）
11) 大野秀敏ほか『シュリンキング・ニッポン』（鹿島出版社、2008年）
12) 冨山和彦『なぜローカル経済から日本は甦るのか』（PHP研究所、2014年）
13) 浅野光行『成熟都市の交通空間』（技報堂出版、2014年）
14) 兒山真也『持続可能な交通への経済的アプローチ』（日本評論社、2014年）
15) ケティ・アルバート『クルマよ、お世話になりました』（白水社、2013年）
16) 上岡直見『持続可能な交通へ』（緑風出版、2003年）
17) 三村浩史『地域共生のまちづくり』（学芸出版社、1998年）
18) 翁邦雄ほか『徹底分析　アベノミックス』（中央経済社、2014年）
19) 玉村雅俊ほか『ソーシャルインパクト』（産学社、2014年）
20) 川上光彦『地方都市の再生戦略』（学芸出版社、2013年）

● 第2章　地域経済を再生する

Ⅱ　地方創生政策のための都市計画

1　地方創生政策の目的

ア　「まち・ひと・しごと創生法」第1条によれば、地方創生の具体的な目標は「潤いのある豊かな生活を営むことができる地域社会の形成」「地域社会を担う個性豊かで多様な人材の確保」「地域社会における魅力ある多様な就業機会の創出」とされている。[1]

イ　この三つの目標の論理的関係はわかりにくいが、突き詰めると「地域の生活環境の確保」と、「地域経済の維持」の二つに整理できると考える。

ウ　地域の生活環境を維持し、地域経済の活動を適切に維持するためには、一人ひとりの所得が維持されることが重要である。このため「市町村の一人当たりの所得水準を維持すること」を数値的な目標とすることが適当と考える。

エ　この指標には消極的なイメージを持つ人がいるかもしれないが、人口減少社会で高齢化、生産年齢の減少が急激に進む日本の地方部では、市町村全体での所得＝総付加価値は減少せざるを得ない。しかし、そこに住む人々の生活環境を維持しつつ、きちんとした雇用を確保していくためには「一人当たりの所得が維持されること」が極めて重要である。

オ　しかし、地方の市町村の生産年齢人口は全年齢人口よりも急激に減少するので、一人当たりの所得を維持するためにも、生産性の向上、小さいけれど確実な全要素生産性の向上、すなわち、イノベーションが不可欠である。

2　主要省庁の地方創生政策と提案

（1）総務省の提案

総務省は旧自治省の流れを汲んで「国、都道府県、市町村」というツリー

● 第2節　政策課題〈応用編〉：地域経済再生のためにできること

■図表19　総務省（旧自治省）のお金の流し方

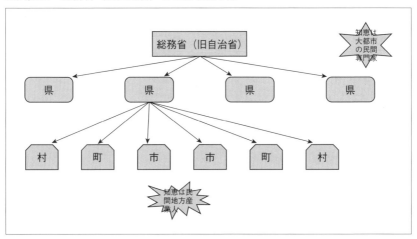

■図表20　定住自立圏構想中心市の人口動態

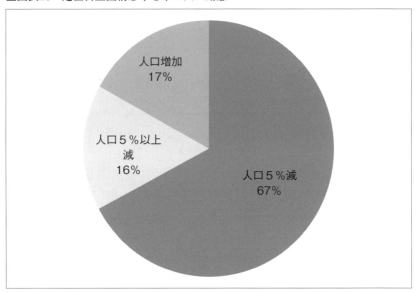

（備考）定住自立圏構想に登録している中心市のうち、中心市宣言、ビジョン作成、協定を作成した中心市の平成20年と平成25年の人口の増減を分析したもの。分析対象は人口データは市のHPで把握できたものに限定している。

● 第2章　地域経済を再生する

的な体系の元で市町村の自立的な連携を促す「定住自立圏構想」や「地方中枢拠点都市圏」を提案している。このうち、前者については制度ができた平成20年から5年間の人口動態を分析した。本来、周辺の町村の人口まで受け止める中心市の人口をみたところ、制度創設以来、83％の中心市で人口が減少しており、特に16％の中心市では5％以上減少していて、人口流出の「ダム機能」は果たしているとはいえない（図表19、20）。

(2) 経済産業省の提案

「まち・ひと・しごと創生本部」のホームページでは、経済産業省提出の法律関係しか説明されていないが[1]、実際の予算要求の内容は、国から従来の商店会や協同組合など既存団体を通じて予算を流すものが中心となっており（図表21）[2]、従来の国から既存団体への縦系列の組織とお金の流れを踏襲したものになっている。商店街の現状や産業別の協同組合の実態をみれば、これらの既存団体への支援による活動が、地域経済の維持に十分な効果をあげていないことは明らかである。

■図表21　経済産業省のお金の流し方

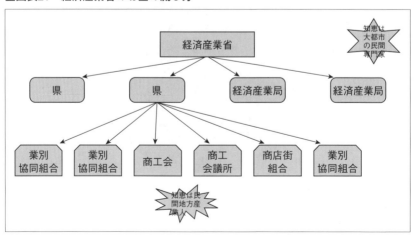

● 第2節　政策課題〈応用編〉：地域経済再生のためにできること

(3) 国土交通省の提案

　国土交通省については、1枚紙のみで趣旨が不明だが、少なくとも「コンパクトシティ」「高次都市連合」「小さな拠点」については、国土計画上又は都市計画上の意義は別にして、地方創生という一人当たりの所得を維持して、「生活環境」と「地域経済」の維持し、落ち込みを避けるという目的に対する効果、特に即効性については疑問がある。

　例えば、既に都市再生特別措置法に位置づけられているコンパクトシティを実現するための立地適正化計画制度についてみてみる。都市計画運用指針Ⅲ－1－3－1では、その趣旨として、「高齢者にも歩きやすいまち」「若年層にも魅力的なまち」「財政面での持続可能性のあるまち」「低炭素なまち」「防災につよいまち」といった多様な目標を掲げており[3]、地方創生のために、一人当たりの所得を維持することに具体的にどう貢献するかについては、明らかではない。

　なお、今回の立地適正化計画の制度が、そもそも都市計画運用指針で指摘している都市政策上の目的に合致したものであるかについては、第4章第2節2を参照。

3 地方創生の知恵はどこにあるのか？

ア　地方都市において、地域で自立的に所得を上げるとともに、周辺まで連鎖的に効果を波及させている地方創生プロジェクトとしては、例えば、岩手県のオガール紫波や北九州市の北九州家守舎の取組みがある。これらは、補助金に依存せず、地元の資源である未使用の市町村有地、空きビルなどを活用し、初期投資をできるだけ少なくする形で公民連携事業又は民間主導事業を立ち上げている。その次に、周囲60m以内ぐらいの小さい地区で、連鎖的に収益の上がる小規模な事業を展開している（図表22）。[4] [5] [6] [7]

イ　これらの小規模な事業においては、東京などの大都市から来た優れたセンスとノウハウを持った専門家と、既存の地元団体とは異なる、若手のやる気のある産業人が「ダイレクト」につながって、相互のシナジー効果を

● 第2章 地域経済を再生する

■図表22 地域自立型の民間主導プロジェクトの立地展開イメージ

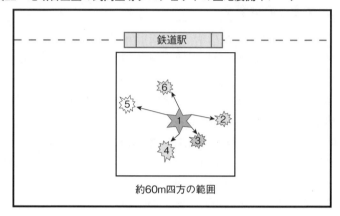

起こして新しい地域創生プロジェクトを立ち上げている。また、民間の経営コンサルタントが地方の製造業を再生する際のネットワーク構造も、同じく大都市の専門家と地方の製造業の若旦那が「ダイレクト」につながった場合に成功している（図表23）。[8) 9)]

ウ　逆にいえば、地方創生を立ち上げるネットワーク構造としては「国－県

■図表23　大都市の専門家と地域の若手産業人とのシナジー効果

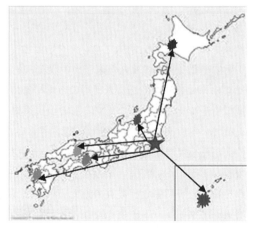

● 第2節　政策課題〈応用編〉：地域経済再生のためにできること

－市町村」や「国－県－商工会議所等既存団体」といったツリー型の縦系列の政策体系は有効ではないことがわかる。その理由は、ツリー型での構造では地域のイノベーションを実現するための二つの要件、「迅速な判断」「リスクを伴った経営判断」ができないからと考えられる。

エ　さらに、このような地域産業の自立的な立ち上げを実践し成功している地方創生プロジェクトを見る限り、国や地方公共団体の役人は主体的には貢献していない。これは地域のイノベーションを実現する三つ目の要件である「収益のあがる新しいビジネスモデルの構築」について、役人は経験不足でその能力に欠けているからと考える。現実に役人には地域を活性化する新しい産業を創造できず、また、見いだすこともできないと認めざるを得ない。

オ　要するに、地方創生の知恵は「イノベーティブな大都市の専門家と、若手のやる気のある地元産業人の経験と知恵、そして具体的な活動、そのダイレクトなネットワーク構造」の中に存在する。

カ　国や地方公共団体の役人は自らに地方創生の知恵がないことを十分理解し、自戒したうえで、地方創生について、知恵を持っている民間人の活動を側面から支援する環境整備を実施すべきである。

4 ｜ これからの地方創生政策のあり方

ア　国は、現実の地域自立型のプロジェクトが、国－県－市町村又は国－県－商工会議所といった、既存団体の縦のネットワークの外で発生していること（図表23）を謙虚に受け止め、従来のツリー型での支援は行わない。

イ　また、地方公共団体の役人にも地方創生の知恵がないことから、使途を限定しない「つかみ金」のような交付金や交付税を地方公共団体の役人に渡してしまうといった、ふるさと創生事業の二の舞をしてはならない。[10]

ウ　オガール紫波や北九州家守舎、AIA（一般社団法人エリア・イノベーション・アライアンス）による地元主導のまちづくり会社のメンバー、さらには産業再生を手がける民間コンサルタントが常に指摘するように、補助金を出すのではなく、地元の若手産業人が様々な業態で展開できるように必

● 第2章　地域経済を再生する

要な規制緩和を行うとともに、初期費用などについて、彼らが求めている出資等のファナンスの支援を行うべきである。

エ　具体的な支援策としては、第一に、公有地や公共建築物の活用や建て替えとあわせた公民連携事業とそれへの政策金融、第二に、既存の市街地にある空きビル、空き家のリノベーションや福祉転用とそれへの政策金融、第三に、まちなかにある街路、駅前広場、都市公園を賑わい空間に活用するとともに、必要な規制緩和を実施、第四に、市街地の中心で比較的利用されている鉄道駅及びその周辺の有効利用と必要な法制度の整備などである。

オ　しかし「まち・ひと・しごと創生本部」が決定した「まち・ひと・しごと創生基本方針2015」では、総花的に地方創生に役立つ施策が列記されているが、その本当の担い手が国や地方公共団体ではなく、地域の事業者など民間主体であるというめりはりのある記述にはなっていない。[11]

カ　また、「地方創生の深化のための新型交付金」についても[12]、成果目標やPDCAサイクルなど、既にまちづくり交付金などで試みられていることがより精緻になっているだけである。本当に地域で稼ぎを生み出すのは、行政ではなく民間事業者であるという観点からは、地方公共団体を相手にして交付金を配分する発想から地方にイノベーションが生まれるとは思えない。むしろ、意欲のある地方公共団体の行政職員が、交付金を国から得るために書類作成に忙殺されることが懸念される。

5　まとめ

これまでも、拠点開発主義、公共投資の地方重点配分、商業、農業などへの産業振興補助などを通して地方創生の取組みはなされてきた。しかし、地方創生の本来の目的である「一人当たりの所得の維持」という目標を達成することができず、地方の生活環境の悪化と地方経済の衰退への歯止めはかからなかった。

一方、現在は、過去に地方創生を試みた時代と異なり、国も地方公共団体も低経済成長と財政難という制約を抱えている。このため、以前に失敗した

● 第2節　政策課題〈応用編〉：地域経済再生のためにできること

政策を繰り返すのではなく、現実に成功している先駆的な事例を踏まえ、大都市の民間専門家と地域にいる地元の元気な産業人によるまちづくりイノベーションに対象を絞って、政策を講じるべきである。

　地方公共団体へのムダな交付金や交付税のばらまきは、かえってこのような真摯な民間産業人の活動を阻害するものであることを十分自戒すべきである。

■注
1) まち・ひと・しごと創生法。　http://www.cas.go.jp/jp/houan/140929_1/houan_riyu.pdf
2) 経済産業省が経済産業局を通じて、各県などに説明している資料。　http://www.meti.go.jp/main/yosangaisan/fy2015/pr/pdf/chuki_01.pdf
3) 都市計画運用指針の最新の改正の新旧対照表。
http://www.mlit.go.jp/common/001049831.pdf
4) オガール紫波の概要。　http://www.ogal-shiwa.com/
5) 北九州家守舎の概要。　http://www.yamorisha.com/
6) オガール紫波のプロジェクトが狭い範囲に集約されていることを示す地図。
https://mapsengine.google.com/map/edit?hl=ja&authuser=0&mid=zcfgyyvEAFtA.kYpStnp2tAB0
7) 北九州家守舎などが行っている小倉地区のリノベーションプロジェクトが狭い範囲に集約されていることを示す地図。
https://www.google.com/maps/d/edit?mid=zcfgyyvEAFtA.kHqr4-ISW1pU&usp=sharing
8) 東京のまちづくり経営のプロである木下斉氏が中心となって運営するAIAとそれと連携するまちづくり会社のネットワークが分かる地図。
https://www.google.com/maps/d/edit?mid=zcfgyyvEAFtA.kkUq9YgG023o&usp=sharing
9) 地方の製造業のブランディングと事業の再生を手がけている中川政七商店の中川淳氏の会社支援のネットワークがわかる地図。
https://www.google.com/maps/d/edit?mid=zcfgyyvEAFtA.kzOZog9otsA0&usp=sharing
10) ふるさと創生事業の事業例。　http://matome.naver.jp/odai/2136073851093733701
11) http://www.kantei.go.jp/jp/singi/sousei/meeting/honbukaigou/h27-06-30-siryou1.pdf
12) http://www.kantei.go.jp/jp/singi/sousei/meeting/honbukaigou/h27-08-04-siryou1.pdf

● 第2章 地域経済を再生する

■参考文献
1) 清水義次『イノベーションまちづくり』(学芸出版社、2014年)
2) 木下斉ほか『まちづくり：デットライン』(日経BP社、2013年)
3) 小田切徳美ほか『農山村再生に挑む』(岩波書店、2013年)
4) 川崎一泰『官民連携の地域再生』(勁草書房、2013年)
5) 『シビックエコノミー』(フィルムアート社、2014年)
6) 中川淳『小さな会社の生きる道』(阪急コミュニケーションズ、2013年)
7) 小嶋光信『日本一のローカル線をつくる』(学芸出版社、2012年)

Ⅲ 東京都心等大都市の都心再生のための都市計画

1 大都市再生の意義

　人がフェイス・トゥ・フェイスで向き合うこと、鉄道・高速道路と国際空港・国際港湾が結びついて世界とつながることによって、日本の大都市はグローバル経済の中で競争しながらイノベーションを起こし、日本の経済成長を牽引してきた（日本のGDPの4割は東京都が生み出したもの、三大都市圏でみれば7割以上、図表24参照）。経済成長なしには、日本の医療、介護、年金などの社会保障や公営住宅や福祉施設、教育などの国民のナショナルミニマム

■図表24　平成23年の大都市圏の経済規模

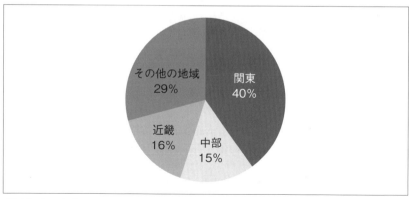

（備考）内閣府「平成23年県民経済計算」による。

● 第2節　政策課題〈応用編〉：地域経済再生のためにできること

を確保する政策を維持できない。

　いわば東京都心等大都市の成長は「金の卵を産む鶏」である。国内だけの狭い視点から東京都心等を目の敵にすることは、その大切な鶏を絞め殺すことになる。地方創生は東京都心等大都市再生と車の両輪として進めるべきである。

2　大都市の持つ国際競争力の現状

　東京都心等大都市の持つ国際競争力についてはいろいろな分析が存在するが[1]、都市間国際競争の結果は、イノベーション力によりその都市の生産性が向上していること、すなわち、一人当たりGDPの伸びに表れる。これま

■図表25　アジア各国の大都市の一人当たりGDPの推移
（PPPで換算、単位：国際ドル）

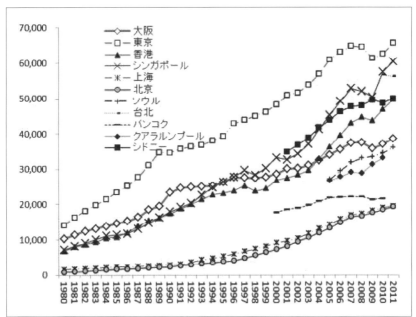

（備考）大阪府資料より転載。[2]

● 第2章　地域経済を再生する

で、国全体の一人当たりGDPが停滞しているなかで、東京はイノベーションを続け、比較的高い伸びを示してきた。しかし近年は伸びが鈍化しており、その反面、シンガポールや香港などが高い伸びを示して、まさに今、東京を追い抜こうとしている状況にある（図表25）。

我が国は、再度、東京都心等大都市の都市再生に力を入れ、一人当たりGDPを大幅に伸長させることにより、世界経済の中心となるアジア地域の中で中心的な役割を果たしていかなければならないと考える。

3 日本の大都市の強みとその活かし方

日本の大都市には、日本政府が法治国家であること、1955年体制から二度の政権交代を政治的・経済的混乱なく実現したこと、国内でのテロの危険性が相対的に低いことなどから、我が国の経済社会の安定性に対する評価は、共産党支配の中国の香港、上海などや、リー・クアン・ユーの親族で政府の実権が固められているシンガポールに比較して優位と考えられる。

特に、日本の最高の頭脳を集めた東京大学をはじめとする大学や研究機関、日本を中心に世界で活躍する多国籍企業の本社機能、そして中央政府機能が東京都心に集積していることから、東京都心はそれらのシナジー効果を発揮できる都市構造であり、世界でも例をみない強みを持っている[3]。

今こそ「日本の総力をあげる体制」、東京都心等への集積に伴う外部不経済を解消するための「生活環境改善策」「産業活動環境改善策」という三つの環境整備を行うべきである。そのなかで、自由闊達に国内外の民間企業が事業展開とイノベーションを実現していくことが、東京都心等が強みを活かしてイノベーション力を発揮し、世界と戦える都市になるための革新策の肝であると考える。政府は民間企業活動の中身に口を出したり補助をしたりするのではなく、環境整備に徹すべきである。

● 第2節　政策課題〈応用編〉：地域経済再生のためにできること

4 　日本の大都市を世界と戦える街に変える具体の改革案

　ここでは、3で述べた三つの環境整備について、その具体的な内容を紹介する。

(1) 日本の総力をあげる体制づくり

　東京都心の再生をいっそう進めるためには、従来の省庁、都、特別区といったツリー型の組織ではなく、都市再生担当大臣又は官房長官、都知事、日本学術会議議長又は東大総長、産業界代表、労働界代表からなる東京都心再生会議（仮称）（以下「東京会議（仮称）」という。）を設けることが重要である。たとえば東京都心のどの地域に絞って集中的に規制緩和し、社会資本整備、知的資源の投入を行うか（以下、その地域を「特定再生戦略地域（仮称）」という。）など、その場で東京都心に対する大戦略を決定するといった、スピーディな政策決定ができるようにすべきである。

(2) 生活環境の改善策

ア　東京都心の公共交通機関の改善

　東京の鉄道の定時性は通勤時を除いて世界に誇れるものであるが、通勤時の満員電車は、先進国日本にとって致命傷である（図表26）。鉄道会社が積極的に改善に取り組むよう、東京会議（仮称）で改善計画の提出を鉄道会社に求めるとともに、都市計画特例、政策金融支援措置を通勤電車の混雑緩和とセットで行う（通勤電車の混雑は経営的には黒字要因であり、現状では鉄道会社に本気で解消する意欲がわかないため、その解消のインセンティブを用意する。）。[4)]

イ　駅を中心とした拠点機能の充実

　東京都心の生活環境を高める上では、渋谷駅や品川駅など駅上空及びその周辺での駅前広場などの高度利用を進めることによって、本格的な職住商近接の、世界にもまれな利便性と快適性を持つ空間を作り出すことができる。そのために、鉄道事業者、民間事業者、行政が一体となって必要な法制度を整備し、有効利用を促進する。

● 第2章 地域経済を再生する

■図表26　2011（平成23）年度の首都圏の混雑度

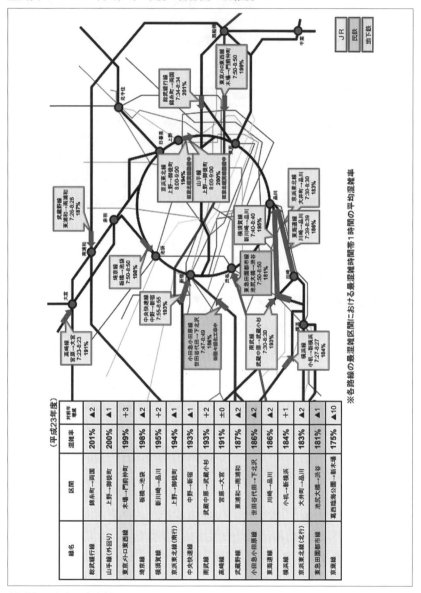

（出典）国土交通省資料

● 第2節　政策課題〈応用編〉：地域経済再生のためにできること

ウ　教育・医療等の機能の充実

　海外から優秀な専門家が赴任しやすいよう、都立大学には、海外の大学受験資格がとれ、英語で授業を行う特別クラスを設置する。東京大学での授業は英語を原則とするとともに、ハーバード大学やオックスフォード大学などとの単位交換を可能とする。また、海外大学のサテライトオフィスを東京都心に誘致する。

　外国人医師による診療行為、外国人弁護士の法律業務、外国人向けの簡易宿泊所の運営など、海外から優秀な頭脳や人材が移住するに当たって必要となるサービス機能に関する規制緩和を実施して、特定再生戦略地域で当該サービスを提供する。

(3) 産業活動環境の改善策

ア　エネルギー自立システムなど都市防災機能の抜本的拡充

　特定再生戦略地域（仮称）においては、民間企業が行う大規模な都市開発については、六本木ヒルズなどで実現しているコジェネレーションなど自立的な発電・熱システムを導入するとともに、耐震性能、省エネについても世界最高レベル対応を義務づける。政府は、そのために必要な都市計画の緩和と政策金融支援措置を講じる。

　また、政府と東京都は中枢機能について、自立的な発電・熱供給システムと高い耐震性能を装備する。これによって、東京の弱点である首都直下地震対応について万全の対応を図る。

イ　都市基盤施設の整備

　国費を集中投入して、中央環状線及び圏央道を早急に完成させる。

　あわせて、羽田空港への鉄道連結機能の充実を図るとともに、羽田空港には5本目の滑走路の新設を検討する。また、横田空域の返還を受けて、海外及び国内の路線の拡充、個人ジェット機着陸機能の確保を行う。

ウ　都市物流機能の改善

　ニューヨークではアマゾンが1時間以内の配達を開始したように、物資の的確な流通も世界都市にとって極めて重要である。現在は縦割りになっている港湾、高速道路、物流施設について、東京会議（仮称）で意思統一を図り、

● 第2章　地域経済を再生する

都市計画に基づいて港湾又は高速道路に直結した「一団地の物流施設」を特定の民間事業者等が一体的に整備する。国は税制及び政策金融措置で支援する。

エ　東京都心の都市再開発の促進

大手町、日本橋、東京駅周辺、港区、渋谷駅周辺など、特定再生戦略地域（仮称）の大規模再開発については用地の先行取得とSPC出資や共同開発など、政策的に長期の事業期間に伴うリスク緩和を図るとともに、外国企業も誘致できる大規模床の供給を促進する。

5　まとめ

以上のような対策は、東京都心だけでなく、そのバックアップ機能を有する札幌、仙台、名古屋、大阪、広島、福岡などブロック中枢都市でも政策内容に改良を加えつつ実施する必要がある。これらの革新策を講じることによって、国内外からの優秀な頭脳と資本を集中して、イノベーションを活性化し、東京都心等を世界と戦える街に改革することが可能となる。

なお、2020年の東京オリンピック・パラリンピックについても、当然、東京都心の再生に起爆剤として位置づけるべきである。具体的には、施設整備とその管理についてできるだけPPP手法を活用して民間企業の収益力を活かし、将来的な管理負担軽減を図るための施設設計、管理を行うとともに、周辺の交通計画も含めた都市デザインコントロールを行うべきと考える。

■注
1) 森記念財団の世界都市ランキング。　http://www.mori-m-foundation.or.jp/gpci/
2) 以下のURL参照。　http://www.pref.osaka.lg.jp/attach/1949/00051733/136.pdf
3) パットナム『孤独なボウリング』（柏書房、2006年）によれば、開放的で人的ネットワークが豊富なシリコンバレーではイノベーションが起きたが、ボストンのルート128では垂直的でトップダウンな組織構造だったのでイノベーションが起きなかったと分析している。
4) 東京の満員電車対策については、阿部等『満員電車がなくなる日』（角川SSC新書、2008年）参照。

● 第2節　政策課題〈応用編〉：地域経済再生のためにできること

■参考文献等
1) リチャード・フロリダ『新クリエイティブ資本論』（ダイヤモンド社、2014年）
2) エンリコ・モレッティ『年収は「住むところ」で決まる』（プレジデント社、2014年）
3) 加茂利男『世界都市』（有斐閣、2005年）
4) ダンカン・ワッツ『スモールワールド・ネットワーク』（CCCメディアハウス、2004年）
5) 諸富徹『地域再生の新戦略』（中央公論新社、2010年）
6) 冨山和彦『なぜローカル経済から日本は甦るか』（PHP新書、2014年）

第3節
参考資料

URLはぎょうせいホームページ（http://gyosei.jp）にも掲載しています。

(1) 都市再生特別措置法

　地方都市や住宅市街地対策としては、第5章の都市再生整備計画の部分を参照。なお、第5章の特例は、都市計画区域に限定されないことにも留意してほしい。東京都心などブロック中枢都市の都心の都市再生については、第4章の都市再生緊急整備地域の部分を参照。

http://law.e-gov.go.jp/cgi-bin/idxselect.cgi?IDX_OPT=1&H_NAME=%93%73%8e%73%8d%c4%90%b6%93%c1%95%ca%91%5b%92%75%96%40&H_NAME_YOMI=%82%a0&H_NO_GENGO=H&H_NO_YEAR=&H_NO_TYPE=2&H_NO_NO=&H_FILE_NAME=H14HO022&H_RYAKU=1&H_CTG=1&H_YOMI_GUN=1&H_CTG_GUN=1

(2) 地方都市における地域SPC法人への出融資

　一般財団法人民間都市開発推進機構のまち再生出資が活用できる。

http://www.minto.or.jp/archives/results_02.html

(3) 東京都心及びブロック中枢都市都心での都市再生事業への出融資

　一般財団法人民間都市開発推進機構の融資制度が活用できる。実質的な融資である共同型都市再構築業務やメザニン支援業務が有効と考える。

http://www.minto.or.jp/products/reconstruction.html
http://www.minto.or.jp/products/mezzanine.html

(4) 道路上でのカフェや広告板設置などの特例

　道路占用許可の緩和制度はいくつかある。このうち、市町村が独自に計画策定をするだけで国の認定がいらない簡便な手続で特例が受けられるものとして、(1) でリンクをはった都市再生特別措置法第62条の規定の活用があり、これが一番簡便である。

(5) 河川敷地の有効活用

　平成23年に改正された河川敷地占用許可準則では、市町村ではなく河川管理者が都市再生・地域再生を判断するという点でやや難点もあるが、河川敷地の有効利用のための規制緩和がなされた。以下のURLで示される文章の赤字の部分に注意。
http://www.mlit.go.jp/common/000136993.pdf

(6) 都市公園の有効利用

　都市公園については、十分な有効活用の手立てが講じられていない。とりあえず、公園施設の定義は都市公園法第2条第2項及び都市公園法施行令第5条に規定されており、この規定の「これらに類するもの」を公園管理者が弾力的に判断することが可能である。

　また、公園施設については当初から都市公園法第5条で民間事業者が設置許可を受けて整備し管理することが認められており、これを積極的に活用することが望ましい。

http://law.e-gov.go.jp/cgi-bin/idxselect.cgi?IDX_OPT=1&H_NAME=%93%73%8e%73%8c%f6%89%80%96%40&H_NAME_YOMI=%82%a0&H_NO_GENGO=H&H_NO_YEAR=&H_NO_TYPE=2&H_NO_NO=&H_FILE_NAME=S31HO079&H_RYAKU=1&H_CTG=1&H_YOMI_GUN=1&H_CTG_GUN=1
http://law.e-gov.go.jp/cgi-bin/idxselect.cgi?IDX_OPT=1&H_NAME=%93%73%8e%73%8c%f6%89%80%96%40&H_NAME_YOMI=%82%a0&H_NO_GENGO=H&H_NO_YEAR=&H_NO_TYPE=2&H_NO_NO=&H_FILE_NAME=S31SE290&H_RYAKU=1&H_CTG=1&H_YOMI_GUN=1&H_CTG_GUN=1

● 第2章　地域経済を再生する

(7) 指定管理者制度

　指定管理者制度は2003年に創設された。地方公共団体が所有し管理している公の施設について、従来は公的主体にのみ管理委託が認められていたのを民間事業者に開放した制度である。しかし、指定管理者の条文は地方自治法第244条の２第３項以下、一条で規定しているだけであり、道路法など個別管理法との関係を法律上整理していない。制度創設時の総務省から、関係省庁に対する説明では、個別管理法の考え方が地方自治法に優先するという整理していた。

　このため、公物管理法を担当する国の部局は、使用許可など権力的行為はできずに事実行為のみが行えるという解釈を通知しており、地方のニーズとずれている部分もある。また、その通知も必ずしも総務省の消極的な抵抗意識のためか、インターネット上に一覧で掲載されていない。

　このため、以下、関係省庁の通知文を記載する。

http://law.e-gov.go.jp/cgi-bin/idxselect.cgi?IDX_OPT=1&H_NAME=%92%6e%95%fb%8e%a9%8e%a1%96%40&H_NAME_YOMI=%82%a0&H_NO_GENGO=H&H_NO_YEAR=&H_NO_TYPE=2&H_NO_NO=&H_FILE_NAME=S22HO067&H_RYAKU=1&H_CTG=1&H_YOMI_GUN=1&H_CTG_GUN=1

http://shitekan.furusato-ppp.jp/?article=%E6%8C%87%E5%AE%9A%E7%AE%A1%E7%90%86%E8%80%85%E5%88%B6%E5%BA%A6%E3%81%AB%E4%BF%82%E3%82%8B%E9%80%9A%E7%9F%A5%E7%AD%89&dest=info&menuname=%E5%88%B6%E5%BA%A6%E9%81%8B%E7%94%A8%E4%B8%8A%E3%81%AE%E3%83%9D%E3%82%A4%E3%83%B3%E3%83%88&catname=%E9%96%A2%E4%BF%82%E9%80%9A%E7%9F%A5%E7%AD%89

● 第3節　参考資料

〈社会福祉関係〉

雇児総発第0829001号
社援保発第0829001号
障企発第0829002号
老計発第0829002号
平成15年8月29日

都道府県
　各指定都市　民生主管部（局）長　殿

厚生労働省雇用均等・児童家庭局総務課長
厚生労働省社会・援護局保護課長
厚生労働省社会・援護局障害保健福祉部企画課長
厚生労働省老健局計画課長

社会福祉施設における指定管理者制度の活用について

　今般、地方自治法の一部を改正する法律の施行期日を定める政令（平成15年政令第374号）が公布され、地方自治法の一部を改正する法律（平成15年法律第81号）は9月2日より施行されることとなったところであるが、同法において創設された指定管理者制度の趣旨及び内容について、別添「地方自治法の一部を改正する法律の公布について別添（平成15年7月17日総行行第87号）のとおり、総務省自治行政局長より通知が発出されているので、御留意願いたい。

　また、これに伴って、老人福祉法（昭和38年法律第133号）第20条の4に規定する養護老人ホーム、第20条の5に規定する特別養護老人ホームや児童福祉法（昭和22年法律第164号）第39条に規定する保育所などの社会福祉施設であって、地方公共団体が設置するものについても、個別法による制約のない範囲において指定管理者制度を活用してその管理を指定管理者に行わせることができることとなったので、管内市区町村及び関係者に周知するようお願いする。

　なお、本通知の発出については、総務省自治行政局とも協議済みである旨、申し添える。

● 第2章　地域経済を再生する

〈都市公園関係〉

国都公緑第76号
平成15年9月2日

各都道府県・政令指定都市
都市公園担当部局長殿

国土交通省都市・地域整備局公園緑地課長

指定管理者制度による都市公園の管理について

記

1　指定管理者制度が創設されたことにより、地方自治法第244条第3項の規定に基づき、指定管理者に対し、都市公園法第5条第2項の許可を要することなく、都市公園全体又は区域の一部（園路により区分される等、外形的に区分されて公園管理者との管理区分を明確にすることができ、公園管理者以外の者が包括的な管理を行い得る一定規模の区域をいう。以下「一定規模の区域」という。）の管理を行わせることができること。

2　指定管理者が行うことができる管理の範囲は、地方公共団体の設置に係る都市公園について公園管理者が行うこととして都市公園法において定められている事務（占用許可、監督処分等）以外の事務（行為の許可、自らの収入とする利用料金の収受、事実行為（自らの収入としない利用料金の収受、清掃、巡回等）等）であること。

3　指定管理者に行わせる管理の範囲については、地方公共団体の設置に係る都市公園について公園管理者が行うこととして都市公園法において定められている事務以外の事務の範囲内で、都市公園条例において明確に定めること。

　　この際、行為の許可等の公権力の行使に係る事務を行わせることについては、国民の権利義務の制限になることにかんがみ、慎重に判断を行うこと。

4　都市公園全体又は一定規模の区域について、公園管理者以外の者に事実行為として整備を行わせた場合において、当該者に対し事実行為に係る事務を行わせることにより管理を行わせることができるほか、地方自治法第244条の2第3項の規定に基づく指定管理者制度により管理を行わせることもできること。例えば、PFI事業者に対し、同事業者が事実行為としてPFI事業により整備した公園の一定規模の区域を指定管理者制度により管理を行わせることができること。

5　なお、従前の通り、都市公園法第5条第11頁の規定に基づき、公園管理者が、その管理に係る都市公園に設ける公園施設で自ら設置管理することが不

● 第3節　参考資料

適当又は困難であると認められる場合については、都市公園法第5条第2項の許可をすることにより公園管理者以外の者に設置管理させることが可能であること。
　この場合、公園管理者以外の者は、地方自治法第244条の2第3項に規定する指定管理者になることなく、都市公園法第5条第1項の規定に基づいて公園施設の設置管理を行うことができることから、指定管理者制度に係る条例に基づくことなく、自らの収入として料金収受すること等ができること。

〈病院関係〉

医政総発第1121002号
平成15年11月21日

各都道府県医政主管部（局）長殿

厚生労働省医政局総務課長

地方自治法に基づく指定管理者制度の活用に際しての留意事項について（通知）

　地方自治法の一部を改正する法律（平成15年法律第81号。以下「改正法」という。）が、平成15年6月6日に成立し、同月13日に公布され、本年9月28日より施行されることとなったところである。
　これに伴い、改正前の地方自治法に基づく「管理委託制度」が、改正法の施行後は「指定管理者制度」に改められ（詳細は、「地方自治法の一部を改正する法律の公布について」（平成15年7月17日総行行第87号総務省自治行政局長通知）の第2参照）、地方公共団体が開設する病院等についても、当該地方公共団体の指定を受けた「指定管理者」が、その管理を代行することができることとなる。
　指定管理者制度に基づき指定管理者に病院等の管理を行わせる場合の留意事項については下記のとおりであるので、貴職におかれてはその趣旨を十分に御理解いただくとともに、管下市町村にも周知徹底していただくようお願いしたい。
　なお、本通知については、総務省自治行政局行政課及び同省自治財政局地域企業経営企画室とも協議済みであるので、念のため申し添える。

記

1　地方自治法に基づき指定管理者に病院等の管理を行わせる場合の病院等の開設者について

● 第2章　地域経済を再生する

　地方公共団体以外の主体が病院等の管理を委託する場合には、当該病院等において医療を提供している者が医療法上の病院等の開設者となるものであるが、地方自治法の指定管理者制度に基づき地方公共団体が設置する病院等の管理を指定管理者に行わせる場合においては、当該病院等の管理運営に係る責任を、指定管理者に管理を行わせる地方公共団体が有するという指定管理者制度の趣旨にかんがみ、指定管理者に管理を行わせている地方公共団体を医療法上の病院等の開設者とすること。
　指定管理者に病院等の管理を行わせる場合において、条例又は協定等により規定すべき事項を参考までに示すと、以下のとおりである。
・診療科名
・病床数及び病床区分
・地方公共団体が関与する仕組み（地域における医療関係者から構成される協議会の設置、議会への諮問等）
・医療事故の場合の責任の所在
・その他病院等の管理運営に関する重要事項
2　指定管理者とすることができる者の範囲について
　改正法の施行に伴い、医療法人については指定管理者とすることが可能となったが、医療法第7条第5項の趣旨に照らし、営利を目的とする者については、指定管理者とすることはできないこと。

〈河川関係〉

国河政第115号
国河環第135号
国河治第232号

平成16年3月26日

（各都道府県宛通知）

（国土交通省）河川局水政課長
河川局河川環境課長
河川局治水課長

指定管理者制度による河川の管理について

　平成15年9月2日に施行された「地方自治法の一部を改正する法律」（平成15年法律第81号）において指定管理者制度が創設されたところです。各都道府

● 第3節　参考資料

県、政令指定都市においては、指定管理者制度による河川の管理について、下記の事項に留意の上、適切に対応されるようお願いします。
　なお、今回の通達により河川管理に係る指定管理制度の適用範囲について新たに示したところですが、この河川管理に係る指定管理者制度は、平成16年2月27日に地域再生推進本部で決定された「地域再生推進のためのプログラム」の一環としても活用できる旨申し添えます。

記

1　指定管理者制度が創設されたことにより、従来、管理委託制度により行っていた河川管理に係る事務について、地方自治法（昭和22年法律第67号）第244条の2第3項の規定に基づき、指定管理者制度を活用して指定管理者に行わせることが可能になったこと。
2　指定管理者が行うことができる河川の管理の範囲は、行政判断を伴う事務（災害対応、計画策定及び工事発注等）及び行政権の行使を伴う事務（占用許可、監督処分等）以外の事務（①　河川の清掃、②河川の除草、③　軽微な補修（階段、手摺り、スロープ等河川の利用に資するものに限る。）、④　ダム資料館等の管理・運営等）であること。
3　指定管理者に行わせる河川の管理の範囲については、地方自治法第244条の2第3項及び第4項の規定に基づき、各自治体の条例において明確に定めること。

〈港湾関係〉

国港管第1406号
平成16年3月29日

（各都道府県（港湾担当部長）あて）

国土交通省港湾局管理課長

指定管理者制度による港湾施設の管理について

　平成15年9月2日に施行された「地方自治法の一部を改正する法律」（平成15年法律第81号）において指定管理者制度が創設されたところです。各都道府県においては、指定管理者制度による港湾施設（港湾法（昭和25年法律第218号）第2条第5項各号に掲げる港湾施設をいう。以下同じ。）の管理について、下記の事項に留意の上、適切に対応されるようお願いいたします。
　なお、貴都道府県管内の市町村管理に係る地方港湾の港湾管理者には、貴職よりこの旨周知方お願いいたします。

● 第2章　地域経済を再生する

記

1　指定管理者制度が創設されたことにより、地方自治法（昭和22年法律第67号、以下「法」という。）第244条の2第3項の規定に基づき、指定管理者に対し、公の施設たる港湾施設の管理に係る事務を行わせることができることとされました。
2　指定管理者が行うことができる業務の範囲は、公の施設たる港湾施設の管理に係る事務で、使用料の強制徴収（法第231条の3）、不服申立てに対する決定（法第244条の4 4）、行政財産の目的外使用許可（法第238条の4第4項）等法令により地方公共団体の長のみが行うことができるもの以外の事務（使用許可、自らの収入とする利用料金の収受、事実行為（自らの収入としない利用料金の収受、清掃、保守点検、植栽等）等）です。
3　指定管理者に行わせる業務の範囲については、法第244条の2第3項及び第4項の規定に基づき、各都道府県の条例において明確に定める必要があります。
　　この際、港湾施設の使用許可等の公権力の行使に係る事務を行わせることについては、国民の権利義務の制限になることにかんがみ、慎重に判断を行う必要があります。

〈下水道関係〉

国都下企第71号
平成16年3月30日

各都道府県下水道担当部長殿
各政令指定都市下水道担当局長殿

国土交通省都市・地域整備局
下水道部下水道企画課長

指定管理者制度による下水道の管理について

　平成15年6月13日に公布された地方自治法の一部を改正する法律（平成15年法律第81号）において公の施設の管理に関する指定管理者制度が創設されたところである。
　各都道府県、政令指定都市においては、指定管理者制度による公共下水道等の管理について、下記事項に留意の上、適切に対応されたい。
　なお、貴都道府県内市町村（政令指定都市を除く。）にもこの旨周知をされたい。

記

1 指定管理者制度の趣旨

　従来、地方自治法（昭和22年法律第67号）第244条の2において、普通地方公共団体は、条例の定めるところにより、公の施設の管理を普通地方公共団体が出資している一定の法人等に委託することができることとされていた（管理委託制度）。

　今般、多様化する住民ニーズにより効果的、効率的に対応するため、公の施設の管理に民間の能力を活用しつつ、住民サービスの向上を図るとともに、経費の節減等を図ることを目的として、地方自治法第244条の2が改正され、従来の管理委託制度に代わる新たな制度として指定管理者制度が創設され、地方公共団体が指定する法人その他の団体（指定管理者）に公の施設の管理を行わせることができることとなった（指定管理者制度）ものである。

2 下水道における指定管理者制度の適用

(1) 地方自治法の指定管理者制度と個別の公物管理法との関係

　地方自治法の指定管理者制度と個別の公物管理法は、一般法と特別法の関係にあるため、個別の公物について地方自治法の指定管理者制度が適用されるか否かは個別法の規定の解釈によるものである。

　なお、地方自治法の解釈として、指定管理者制度は事実行為のみにも適用可能であるが、使用料の強制徴収、行政財産の目的外使用許可等の法令により地方公共団体の長のみが行うことができる権限は指定管理者に行わせることはできないこととされている。

(2) 下水道における指定管理者制度の適用

　(1)を踏まえ、下水道における指定管理者制度の適用については、以下のとおりとする。

　下水処理場等の運転、保守点検、補修、清掃等や管渠の保守点検、補修、清掃等あるいは使用料の徴収管理等の事実行為については、指定管理者制度を活用することなく業務委託を行うことが従前どおり可能であるほか、委託する管理の内容に応じ指定管理者制度によることも可能である。

　一方、排水区域内の下水道の利用義務付け、悪質下水の排除規制、物件の設置の許可、使用料等の強制徴収、監督処分等の下水道管理者が行うべき公権力の行使に係る事務等については、指定管理者制度は適用できないので十分留意すること。

3 下水道において指定管理者制度を適用する場合の手続

(1) 条例の制定

　指定管理者制度を適用する場合には、条例において、指定管理者の指定の

手続、指定管理者が行う管理の基準及び業務の範囲その他必要な事項を定めるものとされている（地方自治法第244条の2第4項）ので、下水道において指定管理者制度を適用する場合には、具体的に以下の事項を定めることが適当である。
① 指定の手続
　申請の方法、選定基準等について定めることとなるので、申請の方法として業務実施計画書を提出させること等を定めるとともに、選定基準として、以下の事項等を定めること。
・施設の維持管理を効率的に行うことができる専門的知識及び技術的な能力に加え、維持管理を安定的に継続して行う財産的基盤を有していること
・指定管理者に管理を行わせることにより、施設の効用を最大限に発揮することが可能となるとともに施設の維持管理費の縮減が図られること。
など
② 管理の基準
　下水道として適切な維持管理を確保する上で必要となる事項として、放流水の水質や汚泥の含水率、施設の機能確保等について、管理を行わせようとする下水道施設などの実情を踏まえて定めること。
③ 業務の範囲
　2（2）を踏まえた上で、各施設の目的や態様等に応じて指定管理者が行う業務の範囲を定めること。
　この場合、清掃、警備等の個々の具体的な業務の一部を指定管理者から第三者へ委託することは差し支えないが、管理に係る業務を一括して第三者へ受託することはできないものであることを担保すること。
(2) 指定管理者の指定
① 指定管理者の指定にあたっては、指定管理者に管理を行わせようとする施設の名称、指定管理者となる団体の名称、指定の期間等について議会の議決を経ることとされている（地方自治法第244条の2第6項）。
② 指定管理者の指定に際しては、施設の諸元、流入水の水質等の当該施設の特性のほか、下水道の維持管理に関する専門的な知識及び技術的な能力、財産的基盤等の応募条件を記載した募集要項等を事前に公表するなど広く民間事業者が参加できるように配慮すること。
③ 条例制定、選定等の手続き、議会の議決、協定の締結、事務引継等の期間を考慮して計画的に事務手続を進め、指定管理者が業務を円滑に開始できるように必要な措置を講ずること。
④ 指定管理者に支出する委託費の額等条例で定める項目以外の細目的事項

については、地方公共団体と指定管理者との間の協定等の中で明らかにしておくこと。
(3) 指定管理者に対する監督等
　地方公共団体は、指定管理者からの事業報告書の提出（地方自治法第244条の2第7項）、指定管理者に対する当該管理の業務又は経理の状況に関する報告、実地調査又は必要な指示ができるほか、地方公共団体は、指定管理者が上記指示に従わない場合等においては、指定の取消し又は業務の停止命令を行うことができる（地方自治法第244条の2第10項及び第11項）ので、適宜必要な措置を講ずること。
4　下水道管理者として適切な管理を確保するための留意事項
　①　下水道管理者として、指定管理者への指示、監督等の施設の適切な管理を確保するための必要な措置が行えるよう十分な体制が整備できていること。特に、異常時、緊急時において下水道管理者として行うべき権限、事務を適切に行使するとともに、指定管理者への指示などを的確に行うための必要な体制が整備できていること。
　②　従来の管理委託制度、民間事業者への業務委託と同様に、指定管理者に管理を行わせる場合においても、下水道管理者には下水道法第3条に基づく下水道管理者として本来行うべき権限、事務を適切に行使する責任が存在することは、もちろん、国家賠償法における公の営造物の設置管理瑕疵に基づく損害賠償責任等の対外的な法的責任を負うこと。
　③　指定管理者制度による下水処理場等の維持管理の委託を包括的民間委託で実施する場合においては、別途通知する「下水処理場等の維持管理における包括的民間委託の推進について」平成16年3月30日国都下管第10号下水道管理指導室長通知）を参考にすること。
5　その他
(1) 経過措置
　管理委託制度を適用している施設について、同制度に替えて引続き指定管理者制度を適用する場合には、平成15年9月2日（改正地方自治法の施行日）から起算して3年以内に、当該施設の管理に関する条例を改正し、指定管理者制度を適用するための本通知に基づく手続きを行う必要があること。
(2) その他
　平成16年2月27日付け地域再生本部決定の『「地域再生推進のためのプログラム」3 (1)地域主導による資源の有効活用③　アウトソーシングの促進』において「地方公共団体の行政サービスについて、潜在的ニーズを民間の創意工夫で顕在化させ、新たなビジネス、雇用の機会を創出する観点」から本制度を活用できることとされているので参考にされたい。

● 第2章　地域経済を再生する

〈公立学校関係〉

15文科初第1321号
平成16年3月30日

各都道府県教育委員会教育長
各指定都市教育委員会教育長　殿

文部科学省初等中等教育局長
スポーツ・青少年局長

公立学校における外部の人材や資源の活用の推進について（通知）

　平成16年3月4日に、中央教育審議会から文部科学大臣に対し、答申「今後の学校の管理運営の在り方について」が提出されました。このことについては、文部科学省初等中等教育局長通知（平成16年3月10日付け、15文科初第1157号）により、すでにお知らせしたところです。
　この答申においては、学校が、多様な要請に応えつつ特色ある教育を推進していくためには、教育の様々な分野において、学校の外部にある資源の活用を積極的に進めることが有効であること、こうした取組を通じて、学校と学校外の社会の連携・協力が強化され、開かれた学校づくりの促進が期待されることなどが述べられています。
　また、政府の「規制改革推進3ヵ年計画（再改定）」（平成15年3月28日閣議決定）においては、教育への外部資源の積極的活用の取組を促進するとともに、各学校の判断で外部人材や学外の学習環境の活用が推進されるよう、ガイドラインの策定や体制の整備等を図ることなどが決定されているところです。
　これらを踏まえ、この度、公立学校における外部の人材や資源の活用の一層の推進を図るため、その活用に当たっての基本的な考え方や留意事項等を整理し、関係者の皆様に改めてお知らせすることとしました。各位におかれては、地域の実情等を踏まえつつ、下記の事項に十分御留意の上、教育への外部資源の活用を適切に進めていただくようお願いします。
　あわせて、都道府県教育委員会におかれては、域内の市区町村教育委員会に対し、この通知の趣旨等について御周知願います。

記

1　学校の教育活動における外部の人材や資源の活用の在り方について
　　教育活動への外部の人材や資源の活用については、すでに特別非常勤講師制度や特別免許状制度、高等学校における学校外の学修の単位認定の制度等が設けられ、各学校における取組が進められているところであり、今後ともその一層の推進が期待されます。

今後、こうした取組と併せて、特に「総合的な学習の時間」、外国語教育、情報教育、体育、芸術教育、特別活動などをはじめとする様々な分野等において、専門的な知識・技能、経験等を有する青少年団体等の社会教育団体やNPO法人、民間企業、ボランティア団体等の協力を得て、学校外の人材を活用することについても、それぞれの創意工夫を生かした積極的な取組が期待されるところです。
　また、例えば、運動部活動においても、地域のスポーツ指導者等が外部指導者として活用されているところですが、今後、児童生徒の多様なニーズに応じたスポーツ環境の整備を一層推進していくためには、外部指導者をより積極的に活用していくことが期待されます。
　学校の教育活動における外部人材活用に当たっては、以下に示すような考え方を踏まえ、教育委員会と学校との間で十分な共通理解を図るとともに、地域の実情等を十分に勘案しつつ取組を進めるようお願いします。
(1) 基本的な考え方について
　公立学校における教育活動については、学校教育法第5条に規定される設置者管理主義の考え方に基づき、公務員である当該教職員が責任を持ってこれを担う必要があります。このため、学校外の人材を活用する場合には、当該人材を特別非常勤講師制度や特別免許制度により学校において作成された指導計画に基づき、校長や教員の監督下において、指導の一部（例えば、実技指導の一部など）を担うことになります。その上で、学校の責任において、学校外の人材が行った指導の成果も含め、高等学校における単位認定等の児童生徒の学習状況の評価を行う必要があります。
(2) 外部人材や資源の一層の活用のために求められる取組
　① 教育委員会において求められる取組
　学校を設置する地方公共団体の教育委員会においては、各学校における外部資源の活用の促進のための条件整備を行うことが求められます。具体的には、例えば以下のような取組を進めることが期待されます。
○担当部署を明確化するなど、学校と民間団体等との間の連絡調整を行う体制を整備すること
○関連する業務を所掌する首長部局、関係団体との連携も図りつつ、学校教育に協力してくれる人材バンクを整備すること
○学校における外部人材の位置付けや経費負担の在り方、事故が起こった際の責任の所在などを含めた具体的なガイドラインを作成すること
○外部の人材や資源の活用の取組について継続的に情報を収集し、広く発信するとともに、教員研修等に生かすこと
　② 学校において求められる取組

● 第2章　地域経済を再生する

　　　各学校においては、例えば、以下のような取組を進めることが期待されます。
○担当窓口の明確化など外部との連携・協力に関する校内の体制を整備すること
○各学校の教育目標や指導計画における外部人材の位置付けを明確化すること
○教員と外部人材との明確な役割分担を踏まえた教育活動を実践すること
○不断の点検・評価を行い、取組の改善を図ること
2　学校の施設管理等における外部資源活用の在り方について
　公立学校の施設等の物的管理については、近年、PFI方式等により外部の機関に行わせる例も見られるところであり、文部科学省としても、公立学校施設の整備等におけるPFI方式の一層の推進に向けた手引書の作成等に取り組んでいるところです。
　このほか、例えば、学校施設の警備、清掃、プールや体育館等の保守、給食の料理などの業務や、学校施設の時間外一般開放の管理などについては、現行制度下においても、民間事業者に委託して実施することが可能となっていますので、各設置者の判断により適切な取組を進めていただくよう、念のため申し添えます。

〈公営住宅関係〉

国住総第193号
平成16年3月31日

各都道府県知事殿

国土交通省住宅局長

公営住宅の管理と指定管理者制度について（通知）

　地方自治法の一部を改正する法律（平成15年法律第81号）は、平成15年6月13日に公布、同年9月2日から施行されており、これにより公の施設の管理に関する制度が見直され、従来の管理委託制度（改正前の地方自治法第244条の2第3項の規定に基づく管理を委託するものをいう。以下同じ。）に代わり「指定管理者制度」が創設されたところである。
　公営住宅（公営住宅法（昭和26年法律第193号）第2条第2号に規定する公営住宅をいう。以下同じ。）は公の施設に該当するものであり、公営住宅の管理についても、管理委託制度により管理を委託することが可能であることか

ら、公営住宅の管理と指定管理者制度との関係について下記のとおり通知するので参考にされたい。
　また、貴管内の事業主体（公営住宅法第2条第16号に規定する事業主体をいう。以下同じ。）に対しても、この旨周知されるようにお願いする。

記

1　指定管理者制度の適用

　　公営住宅の管理については、公営住宅法上事業主体が行うこととされている管理に関する事務のうち、入居者の募集や収入審査など及び修繕、清掃等の事実行為について管理委託制度により地方公共団体が出資している法人等に委託している実態が多いところである。

　　指定管理者制度は、管理委託制度では受託者となれなかった民間事業者を含む法人その他の団体についても、議会の議決を経て地方公共団体の指定を受けた場合には、公の施設の管理を行うことができるものとするものである。

　　公営住宅の管理の委任については、下記3の入居者のプライバシー保護に十分配慮したうえ、指定管理者制度に基づき行うことができることとなっている。なお、指定管理者制度については平成18年9月が移行のための猶予期限となっているところである。

2　委託の範囲

　　公営住宅の管理については、住宅困窮度に応じた優先入居の実施や、地域の実情や居住者の状況に応じた適切な家賃設定など、公平な住宅政策の観点からの行政主体としての判断が必要である。このため、公営住宅の入居者の決定その他の公営住宅法上事業主体が行うこととされている事務を指定管理者に委任して行わせることは適当ではない。したがって、公営住宅の管理について指定管理者が行うことができる範囲は、従前の管理委託制度により受託者が行うことのできるものと同じものである。

　　なお、地方公共団体が適当と認めるときは、公の施設の利用料金を指定管理者の収入として収受（指定管理者自らの収入として受入れることをいう。）させることができることとなっている。公営住宅の場合、その利用料金である家賃及び敷金等の決定や減免等は公営住宅制度の目的と密接不可分であることから、従来の管理委託制度のもとにおいても家賃等は事業主体自らの収入として収受していたところである。したがって、指定管理者制度に移行した後も指定管理者の収入として収受させることは適切ではない。ただし、家賃の徴収等の事務のみを委任することや駐車場等共同施設の使用料を収受させることについては差し支えないものである。

3　入居者のプライバシー保護について

第2章　地域経済を再生する

　公営住宅の管理に当たっては、入居者の収入や家族構成等重要な個人情報を取扱うことから、入居者のプライバシー保護について十分に措置することが不可欠である。

　入居者のプライバシー保護については、個人情報保護条例、指定管理者の管理の基準に関する条例または公営住宅の管理に関する条例において指定管理者に対して入居者のプライバシー保護を義務付けるとともに事業主体と指定管理者との間で締結する契約に個人情報の保護に関して必要な事項を盛り込むことを規定する必要がある。この場合においては、個人情報保護条例に罰則を設けることを積極的に検討することが望ましい。また、個人情報保護条例が制定されていない場合又は個人情報保護条例に罰則を設けない場合には、指定管理者の管理の基準に関する条例または公営住宅の管理に関する条例を定める際に違反に対する罰則規定を設けることが必要である。

　さらに、指定管理者制度により公営住宅の管理を行う場合の具体的なプライバシー保護対策として少なくとも次のような措置を講ずるべきである。
① 　電算システムで個人情報を取扱う場合は、事業主体のホストコンピューターと指定管理者の端末は専用回線とするなど外部からのアクセスが不可能となるようなセキュリティ対策を行うこと。
② 　電算システムで個人情報を取扱う者は、電算システムの管理者からユーザーのIDパスワードの指定を受けた者とするとともにその人数も極力限定すること。
③ 　指定管理者は、個人情報を取扱う者に対して、第三者から個人情報を求められた場合の対応について研修等を行うことにより、入居者のプライバシー保護の重要性を認識させ、第三者への対応が的確に行えるように努めること。
④ 　電算システムにデータ入力すること等個人情報を取扱う業務を指定管理者がさらに第三者へ委託するような場合には、氏名、住所等の情報の取扱いについては、あらかじめ個人を特定できないように処理するなど特段の配慮をすること。

4　その他
　なお、平成16年2月27日付け地域再生本部決定の『「地域再生推進のためのプログラム」3（1）地域主導による資源の有効利用③アウトソーシングの促進』において、本制度を活用できることとされているので参考にされたい。

● 第3節　参考資料

〈道路関係〉

国道政第92号
国道国防第433号
国道地調第9号
平成16年3月31日

（各都道府県・指定都市宛通知）

（国土交通省）道路局路政課長
（国土交通省）道路局国道・防災課長
（国土交通省）道路局地方道・環境課長

指定管理者制度による道路の管理について

　平成15年9月2日に施行された「地方自治法の一部を改正する法律」（平成15年法律第81号）において指定管理者制度が創設されたところですが、各都道府県、政令指定都市におかれましては、指定管理者制度による道路の管理について、下記の事項に留意の上、適切に対応されるようお願いします。
　なお、貴都道府県内の市町村（政令指定都市を除く。）にもこの旨周知方お願いします。
　おって、今回の通知により、道路管理に係る指定管理者制度の適用範囲について新たにお示ししたところですが、この制度は、地域再生プログラムの一環としても活用できる旨申し添えます。

記

1　指定管理者制度が創設されたことにより、道路管理に係る事務について、地方自治法（昭和22年法律第67号）第244条の2第3項の規定に基づき、指定管理者に行わせることができること。
2　指定管理者が行うことができる道路の管理の範囲は、行政判断を伴う事務（災害対応、計画策定及び工事発注等）及び行政権の行使を伴う事務（占用許可、監督処分等）以外の事務（清掃、除草、単なる料金の徴収業務で定型的な行為に該当するもの等）であって、地方自治法第244条の2第3項及び第4項の規定に基づき各自治体の条例において明確に範囲を定められたものであること。
　なお、これらを指定管理者に包括的に委託することは可能です。

● 第2章　地域経済を再生する

〈健康施設関係〉

健総発第0521001号
平成16年5月21日

各　都道府県
　　政令市　衛生主管部（局）長　殿
　　特別区

厚生労働省健康局総務課長

地方自治法に基づく指定管理者制度の活用について（通知）

　地方自治法の一部を改正する法律（平成15年法律第81号。以下「改正法」という。）が、平成15年6月6日に成立し、同月13日に公布され、同年9月2日より施行されたところであり、改正法において創設された指定管理者制度の趣旨及び内容については、別添1（改正後の地方自治法）及び別添2「地方自治法の一部を改正する法律の公布について」（平成15年7月17日総行第87号総務省自治行政局長通知）のとおりである。

　また、平成16年2月27日に開催された地域再生本部において、「地域再生推進のためのプログラム」が決定され、その中で、公共施設において積極的に指定管理者制度を活用することとされたところである（別添3参照）。

　健康局所管の施設のうち、本制度の対象としては、地域保健法（昭和22年法律第101号）第18条に定める市町村保健センター、水道法（昭和32年法律第177号）第3条第8項に定める水道施設、「農山村保健対策の推進について」（昭和59年1月14日衛発第23号公衆衛生局長通知）に基づく農村健診センター、「健康科学センターの整備について」（平成7年8月8日健医発第1011号保健医療局長通知）に基づく健康科学センター及び「難病特別対策事業について」（平成10年4月9日健医発第635号保健医療局長通知）に基づく難病相談・支援センターが挙げられるので、御了知の上、管内市区町村及び関係者に周知するようお願いする。

　なお、保健所については、地方自治法第244条第1項に規定する「公の施設」に該当しないため、本制度の対象とならないので、ご留意願いたい。

　追って、本通知については、総務省自治行政局行政課及び同省自治財政局公営企業課とも協議済みであるので、念のため申し添える。

● 第3節　参考資料

〈老人福祉施設関係〉

老計発第0330006号
老振発第0330002号
老老発第0330004号
平成19年3月30日

各　都道府県
　　指定都市　介護保険主管部（局）長　殿
　　中核市

厚生労働省老健局　計画課長
振興課長
老人保健課長

**地方公共団体が設置する介護サービス提供施設における
指定管理者制度の取扱いについて（抄）**

　地方公共団体が介護サービス提供施設を設置し、旧地方自治法の規定に基づく公の施設の管理の委託として、当該介護サービス提供施設の運営を民間法人に委託している場合の介護保険法上の指定の申請をすべきもの等については、『いわゆる「公設民営」等の取扱いについて』（平成11年7月27日厚生省老人保健福祉局介護保険制度施行準備室長。以下「公設民営事務連絡」という。）により、その取扱いを示してきたところである。

　今般、旧地方自治法の管理委託制度の経過措置期間が終了したこと、構造改革特別区域法第31条（特別養護老人ホームの公設民営特区）については、地方自治法の指定管理者制度により全国展開を行うこととしていることから、公の施設の管理については、指定管理者制度へ完全に移行することとなる。

　これに伴い、指定管理者制度を活用している場合の指定の申請をすべき者等について、改めて、下記のとおり整理することとする。

　なお、本通知の施行に伴い、公設民営事務連絡は廃止する。

記

1　介護保険法上の指定の申請をすべき者について
(1) 現行の取扱い公設民営事務連絡においては、次のような取扱いとしており、指定管理者制度の下でもこれを踏襲している。
　① 旧地方自治法の管理委託制度における利用料金の収受として、介護給付等対象サービス提供時の利用者負担及び当該サービスに係る介護報酬を民間法人の収入とさせている場合であって、当該利用者負担及び介護報酬の収入が当該民間法人の当該事業に係る主たる収入であり、当該事業の運営責任が当該民間法人に移っていると解されるときは、当該民間法人が指定

の申請をすること。
② 特別養護老人ホームやデイサービスセンターの公設民営の場合においては、老人福祉法の規定に基づく届出又は認可の申請をすべき者も指定の申請をすべき者と同一にすること。
(2) 見直し後の取扱い
① 地域密着型介護老人福祉施設、介護老人福祉施設及び介護療養型医療施設

　介護保険法第78条の2第1項、第86条第1項及び第107条第1項の規定により、指定の申請は「施設の開設者」が行うこととされていることから、老人福祉法及び医療法上の「開設者」である地方公共団体を指定の申請をすべき者とすること。

　この場合において、介護保険法及び指定基準ではサービス提供の主体や介護報酬等の収受の主体は「施設」とされていることを勘案し、利用者との契約や介護報酬等の収受の主体を「施設」の管理を行っている指定管理者とすることとして差し支えない。

　したがって、地域密着型介護老人福祉施設及び介護老人福祉施設について、社会福祉法人以外の法人が指定管理者となる場合で、利用料金制を採用しているときであっても、地方公共団体を「開設者」として、指定の申請をすることとなる。

② 介護老人保健施設

　介護保険法第94条第1項の規定により、介護老人保健施設の許可申請は「開設しようとする者」が行うこととされていることから、公の施設の開設者である地方公共団体を許可の申請をすべき者とすること。

　この場合において、介護保険法及び指定基準ではサービス提供の主体や介護報酬等の収受の主体は「施設」とされていることを勘案し、利用者との契約や介護報酬等の収受の主体を「施設」の管理を行っている指定管理者とすることとして差し支えない。

③ 居宅サービス事業及び地域密着型サービス事業を行う介護サービス提供施設（訪問系サービスを除く。）

　介護保険法第70条第1項及び第78条の2第1項の規定により、指定の申請は「事業を行う者」が行うこととされていることから、居宅サービス事業及び地域密着型サービス事業の提供主体である指定管理者を指定の申請をすべき者とすること。

　ただし、指定管理者制度の利用料金制を採用せず、介護報酬等の収受の主体を地方公共団体としている場合には、地方公共団体を指定の申請をすべき者とすること。

2 　地方公共団体の責務
　　介護サービス提供施設の管理を指定管理者に行わせる地方公共団体は、当該介護サービス提供施設の管理運営に係る責任を有する者として、指定管理者が介護サービス事業の人員、設備及び運営に関する基準等を遵守するよう、条例や指定管理者との間で締結する協定等により、必要な措置を講じなければならない。
3 　指定管理者とすることができる者の範囲について
　　指定管理者には、原則として、民間事業者等が幅広く含まれ、その対象は限定されないものである。
　　特に、特別養護老人ホームについては、旧地方自治法上の管理委託制度と比べて地方公共団体の関与が強化されていることを踏まえ、従来から指定管理者制度の下では、株式会社でも指定管理者として管理を行うことができる取扱いとしている。（こうした経緯があり、特別養護老人ホームの公設民営特区を全国展開するに当たり、指定管理者制度を一本化することとしたものである。）
　　ただし、介護老人保健施設については、指定管理者は介護保険法第94条第3項第1号に規定する者に限定されるものであり、営利を目的とする者を指定管理者とすることはできない。
　　また、病院及び診療所は営利を目的とする者を指定管理者とすることができないとされている（平成15年11月21日医政総発第1121002号厚生労働省医政局総務課長通知）ことから、病院及び診療所がサービス提供施設である介護療養型医療施設についても、営利を目的とする者を指定管理者とすることはできない。
4 　地域密着型介護老人福祉施設等の申請者の変更について
　　地域密着型介護老人福祉施設、介護老人福祉施設及び介護療養型医療施設については、介護保険法第78条の2、第86条及び第107条の規定により、指定の申請は「施設の開設者」がおこなうこととされているが、介護保険法上の指定の申請者が老人福祉法及び医療法上の「開設者」となっていない場合は、申請者の変更を行う必要があるため、指定の更新の際には、「開設者」が指定の申請を行い直すこと。
5 　老人福祉法上の届出者の変更について
　　現行の取扱いのとおり、介護保険法上の指定の申請者と老人福祉法上の特別養護老人ホーム等の設置の届出者等は同一にすべきであるが、申請者と届出者が同一となっていない場合は、届出者の変更等を行う必要があるため、介護保険法上の申請者が設置の届出を改めて行うこと。
※上記の内容を表に示すと次のとおりである。

● 第2章 地域経済を再生する

(1) 地域密着型介護老人福祉施設、介護老人福祉施設、介護療養型医療施設及び介護老人保健施設

施設		老人福祉法等上の開設の届出主体	介護保険法上の指定の申請主体	利用者との契約締結等の主体
現行	利用料金制（無）	地方公共団体	地方公共団体	地方公共団体
	利用料金制（有）	指定管理者	指定管理者	指定管理者
見直し後	利用料金制（無）	地方公共団体	地方公共団体	地方公共団体
	利用料金制（有）	地方公共団体	地方公共団体	指定管理者

(2) 居宅サービス事業及び地域密着型サービス事業を行う介護サービス提供施設（訪問系サービスを除く。）

施設		老人福祉法上の開設の届出主体	介護保険法上の指定の申請主体	利用者との契約締結等の主体
現行	利用料金制（無）	地方公共団体	地方公共団体	地方公共団体
	利用料金制（有）	指定管理者	指定管理者	指定管理者
見直し後	利用料金制（無）	地方公共団体	地方公共団体	地方公共団体
	利用料金制（有）	指定管理者	指定管理者	指定管理者

注　特別養護老人ホームの空床を利用して、居宅サービス事業である短期入所生活介護を行う場合についても上記のとおり。

6　その他
(1) みなし指定の適用を受ける居宅サービスの取扱い

　　介護保険法第72条第1項の「みなし指定」の適用を受ける短期入所療養介護及び通所リハビリテーションについても、介護保険法上の指定の申請主体は上記(2)の表のとおりであり、利用料金制を採用する場合は、指定管理者が指定の申請を行う必要があることから、同項ただし書きの規定に基づき、地方公共団体（開設者）は「別段の申出」を行って「みなし指定」の適用を受けないこととし、別途指定管理者が指定の申請を行う必要がある。

● 第3節　参考資料

(2) 訪問系サービスを行う事業所の取扱い
　　訪問介護など訪問系サービスを行う事業については、従来からの取扱いのとおりであり、『「公設民営」による訪問系サービス等の事業所の取扱いについて』（平成12年1月26日厚生省老人保健福祉局介護保険制度施行準備室長）を参照されたい。

第3章
社会的弱者を守る

　読者は、都市計画とは、道路や公園の整備や建築物の誘導など、ハード整備だけに関わる政策と誤解されているかもしれない。しかし、序章で述べたとおりヨーロッパで始まった近代都市計画は、労働者の住環境の改善など都市問題の解決を主目的として政策体系が生まれてきた。当初は、日本でも都市計画の導入は社会政策の一環として理解されていた。

　現在、超高齢社会によって都市には単身高齢者が集住し、買い物難民、介護難民といわれる問題が生じている。また、母子家庭の問題も深刻であり、経済成長の鈍化と非正規雇用の増加から低所得者の問題も深刻化している。

　これらの問題はいずれも都市に集中して発生している都市問題であることから、都市の空間に着目して総合的に政策を講じる都市計画においても積極的な政策対応が求められている。

● 第3章　社会的弱者を守る

社会的弱者を守るための施策マトリクス

	現実の問題	政策の基本的方向	
		マスタープラン	主体
高齢者が暮らしやすくなる都市計画	①大都市・地方都市の郊外住宅市街地、農村集落での高齢者の買い物サービス、医療・介護サービスの困難化 ②孤独死の発生 ③高齢者の足となるバスなど公共交通機関の衰退	①マクロデータを踏まえた正確な高齢者数の目標設定 ②市町村のさらに地区別での高齢者数の目標設定 ③市町村の地区別での貧困高齢者の推計 ④郊外部、農山村部での新たな開発の防止を目標設定	①生活サービスの主体となる地域SPC法人の組織化 ②電鉄会社、UR都市機構、地方住宅供給公社が各種サービスを総合的に供給するコーディネート機能を発揮する。さらに、福祉・医療サービス主体との連携ないしは生活サービス供給主体として一体化
子育て世代・若者が暮らしやすくなる都市計画	①保育所待機児童の増加 ②地方都市での産婦人科、小児科病院の経営困難化 ③若者のパラサイトシングル化（無職又は非常勤職の子どもが親と単身で同居）	①保育所待機児童数などの推計、目標の設定	①市町村行政の横の連携強化 ②民間の各種事業主体の参画 ③地域SPC法人による互助、支援システム
低所得者が暮らしやすくなる都市計画	①若年層、非正規雇用の低所得化 ②生活保護レベルの高齢者の増加	①大都市圏全体での低所得者数、都道府県別、市町村別の低所得者数、居住困難者数の把握と目標設定	①県、市町村、UR都市機構、地方住宅供給公社の機能強化 ②福祉・医療主体と住宅部局の連携、ないしは上記組織による事業の一体化

● 社会的弱者を守るための施策マトリクス

土地利用規制	事業手法	支援手法
①郊外への拡散防止 ②まちの中心部の人口密度の高い地区への転入誘導 ③郊外住宅市街地の中でも空き家を利用して福祉施設を立地	①大都市の高齢者向けの住宅供給（団地再生を含む。） ②UR都市機構など地域の中核となる公的主体、民間企業により公共交通機関など生活サービスを実施	①地域SPC法人への出融資 ②地域SPC法人やUR都市機構などが実施する生活サービス事業への出融資 ③福祉有償輸送などを行う地域SPC法人への出融資
①子育て支援施設・何でも相談室、フリースクールなど、サードプレイスをまちなかに立地誘導		①子育て支援施設の整備、運営を行う民間事業者、地域SPC法人への出融資
	①大都市低所得者向けの住宅供給（団地再生を含む。）の実施	①大都市低所得者向けの住宅の家賃補助、借り上げ公営住宅の促進

157

● 第3章　社会的弱者を守る

	政策の基本的方向			運用・予算面での対応
	住民参加	公共施設管理	財源確保	
高齢者が暮らしやすくなる都市計画	①地域SPC法人や民間事業主体への認証の仕組みの創設	①公園、区画道路などを民間開放し、高齢者サービスを提供 ②空き校舎などの高齢者施設への転用	①地域住民の共同出資 ②団地などを保有する電鉄会社やUR都市機構などによる出資 ③都市計画税を高齢者施設の整備や改修に活用	①国の運用指針、都道府県マスタープラン、市町村マスタープランで高齢者数の適切な予測数を明示 ②郊外へのこれ以上の開発の抑制を国の運用指針及び都道府県・市町村マスタープランで明確化 ③高齢者施設の都市計画決定と整備、改修の都市計画事業化 ④市町村マスタープランに公共交通機関を位置づけ ⑤団地再生事業に対するURと政策金融機関の連携 ⑥生活サービスを行う地域SPC法人に対する政策金融支援 ⑦市町村の都市計画税収、受益者負担金等を都市計画基金化
子育て世代・若者が暮らしやすくなる都市計画	①地域SPC法人や民間事業主体への認証の仕組みの創設	①公共建築物の民間開放により、子育て支援施設などサードプレイスへの転用を促進	①都市計画税の子育て支援施設の整備、改修への活用	①国の運用指針、都道府県マスタープラン、市町村マスタープランで高齢者数の適切な予測数の明示 ②子育て施設等の都市計画決定と整備・改修の都市計画事業化 ③子育て等支援の事業主体に対する政策金融支援
低所得者が暮らしやすくなる都市計画		①郊外の空き家を借り上げ公営住宅として活用	①住宅対策費の中での公営住宅対策に充てる予算の確保	①市町村マスタープランに低所得者住宅対策を明記 ②小規模な戸建て借り上げ公営住宅の促進 ③UR賃貸住宅の団地再生に当たって低所得者が居住可能な家賃水準に下げるためのUR都市機構への補助、又は、UR都市機構が低所得者への家賃補助の内部補助ができるよう、団地再生事業によって民間事業者並に利益をあげることを容認

● 社会的弱者を守るための施策マトリクス

当面講ずべき制度改革案	最終的に実施すべき制度改革案
①行政区域全域での市町村マスタープランの策定 ②市町村全域での開発行為、工作物の設置などの広範な行為について市町村マスタープランに基づく届け出勧告制とする。 ③生活サービスを提供する地域SPC法人への市町村認証制度の創設 ④認証制度とセットになった政策金融支援措置、公共建築物、公共空間の利用特例	①都市計画区域を国土全域に適用（例えば国の法律で一律に制限をかけて、市町村の条例で緩和できる仕組みにする。） ②開発許可対象に工作物の設置等を追加 ③市街化調整区域の立地規制は維持する。 ④未線引き白地地域は、開発等行為に対する届け出を義務づけ、市町村による勧告、是正命令措置権限の付与 ⑤地方住宅供給公社、UR都市機構は、住宅サービスに加えて生活サービス提供機能を付加
①生活サービスを提供する地域SPC法人への市町村認証制度の創設 ②認証制度とセットになった政策金融支援措置、公共建築物、公共空間の利用特例	①地方住宅供給公社、UR都市機構その他の公的主体に住宅サービスに加えて生活サービス提供機能を付加
①一戸建ての借り上げ公営住宅についてシェアハウス居住を容認 ②老朽化UR賃貸住宅・公社賃貸の改修費用の支援を制度化	①UR賃貸住宅に大量の公営住宅階層（低所得者層）が多数居住していることを踏まえて、大都市圏の低所得者層向け住宅供給者としての位置づけを明確化（税金によるUR都市機構の家賃軽減措置への支援を同時に実施） ②低所得者向け住宅、シェルター、特別養護老人ホームなどの福祉施設の供給・運営主体として、UR都市機構、地方住宅供給公社を位置づけ

第1節
政策課題〈初級編〉
社会的弱者を守る

　単身高齢者や母子世帯、低所得者など、単独で社会生活を維持することが困難で社会的に弱い立場にある者（以下「社会的弱者」という。[1]）については、従来から社会福祉政策の対象として、人に着目して政策が講じられてきた。

　都市計画制度を我が国に導入した内務省初代都市計画課長の池田宏（1881-1939年）著の『都市論集』は第一章「都市社会論」から始まっており、当時の労働者階級の問題を最初に取り上げている。都市計画行政を積極的に実践した関一大阪市長（1873-1935年）も「都市計画と都市社会政策は一体」と主張していたという[2]。このように都市計画行政の先輩たちは、都市問題、社会問題を解決する手段として現在よりも広く都市計画を考え、実践してきた。

　我が国の社会福祉政策が、国と地方の財政難から行き詰まっている現在、都市計画行政の先輩たちの発想に立ち戻って、現実の社会問題、都市問題の解決に都市計画、空間計画がどう役立つかという発想から、社会的弱者対策についても議論してみる必要があるのではないだろうか。

　また、単身高齢者や低所得者など社会的弱者が一定の地区に集住しているという観点からも、一部の学者などから提案されているように、社会的弱者対策のための都市計画からの議論は有効と考える。

● 第1節　政策課題〈初級編〉：社会的弱者を守る

I　社会的弱者の地理的偏在状況

　ここでは、社会的弱者として単身高齢者、母子世帯、父子世帯及び低所得者を対象として、地理的分布をみる。

　結論からいうと、都道府県別のばらつきよりも、都道府県内の市町村ごとのばらつきの方が大きい（図表27〜31）。これ以上詳細な市町村内の地区ごとのデータは存在しないが、それぞれの市町村でも、居住した経緯や家賃水準からみて社会的弱者がそれぞれ一定の密度で集住していることが想定される。

　例えば、単身高齢者であれば、昭和40年代以降の高度成長期に開発された住宅地で、全体としてオールドタウン化した住宅団地や農山村集落に集住していることが想定される。低所得者層は、公営住宅やUR賃貸住宅など政策的に家賃が低い住宅のほか、老朽化した木造賃貸住宅や簡易宿泊所など劣悪な住宅環境で家賃の安い住宅に集住していると想定される。

■図表27　都道府県における全世帯に占める父子世帯及び母子世帯の割合

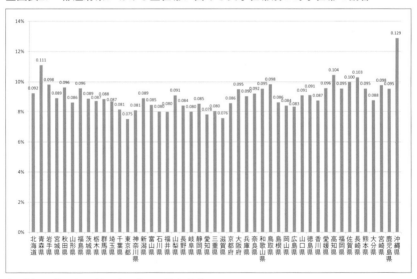

（出典）平成22年国勢調査に基づき筆者作成。

● 第３章　社会的弱者を守る

■図表28　父子世帯及び母子世帯の割合が最も低い東京都内での市区ごとの父子世帯及び母子世帯の割合

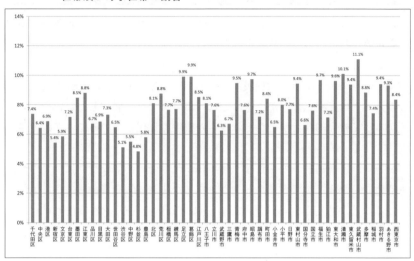

（出典）平成22年国勢調査に基づき筆者作成。

■図表29　父子世帯及び母子世帯の割合が最も高い沖縄県内の市町村ごとの父子世帯及び母子世帯の割合

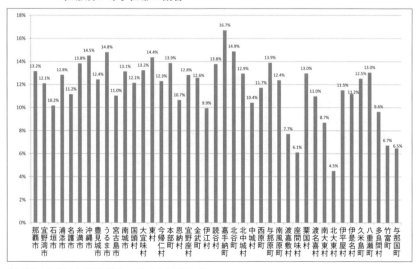

（出典）平成22年国勢調査に基づき筆者作成。

● 第1節　政策課題〈初級編〉：社会的弱者を守る

■図表30　都道府県別の一人当たり生活保護費

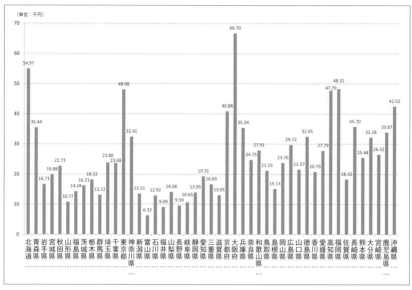

（備考）「平成25年度都道府県決算状況調」及び「平成25年度市町村決算状況調」による。なお、生活保護費は原則市では市が計上し、町村では都道府県が計上しており、上記の表ではそれを合計している。

■図表31　社会的弱者の都道府県内及び市町村内でのばらつき具合（分散）

	65歳以上の単身高齢者の世帯割合	父子世帯及び母子世帯の割合	人口一人当たりの生活保護費の支給額
都道府県ごと	3.339	0.916	175.701
最上位県内の市町村ごと	10.489	6.747	(499.783)
最下位県内の市町村ごと	4.159	3.423	―

（備考）単身高齢者世帯及び父子世帯、母子世帯は平成22年国勢調査による。生活保護費は、「平成25年度都道府県及び市町村決算状況調」による。なお、人口一人当たりの生活保護費のばらつきについて、町村での生活保護費支出のデータは存在しないので、町村が若干ある最上位県である大阪府内の市のばらつきは参考データ。最下位の富山県は町村が多いため市町村の分散のデータを算定しなかった。

● 第3章　社会的弱者を守る

　なお、母子家庭、父子家庭については、子どもの養育のために比較的まちなかの便利さを求めつつも、家賃負担力が小さいことが想定されることから、まちなかの狭小賃貸住宅に集住していることが想定される。

Ⅱ　社会的弱者の移住政策とその他の政策の位置づけ

1　社会的弱者の移住政策

　日本創生会議首都圏問題検討分科会「東京圏高齢化危機回避戦略」（2015年6月4日）[3] によれば、東京圏の将来の二次医療圏ごとの2025年、2040年の介護入居施設の不足状況の見通しを前提にして、相対的に介護入居施設の余裕のある地方への高齢者の移住を提案している。これは、都道府県を越えて高齢者が移住する可能性が高いことを前提にしたものと考えることができる。

　また、国土のグランドデザイン[4] や、都市再生特別措置法の立地適正化計画[5] におけるコンパクトシティの議論も、高齢者など社会的弱者が、都市や

■図表32　年齢別社会移動率（過去5年間移動率）

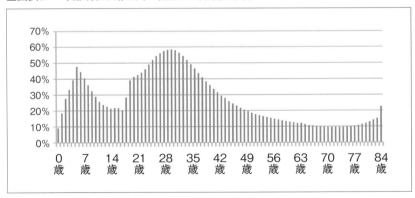

（備考）「平成22年国勢調査」に基づき筆者作成。年齢別に過去5年間の移動があった人数（同一市町村内、同一都道府県内、他都道府県の移動を含む。）を年齢別の人数で割ったものを社会移動率としている。

● 第1節　政策課題〈初級編〉：社会的弱者を守る

地域の周辺部から市街地の内側や交通結節点へ移住することを促進するものであり、同様に社会的弱者の移住、一つの都市圏内での一定の市街地への移住可能性を前提にしたものといえる。

　これらの構想の適否や実現可能性は別にして[6]、高齢者などの社会的弱者の移住を前提とした政策は、高齢者や幼児、児童の社会移動率が相対的に生産年齢人口に比べて低いことから（図表32）、その実現には少なくとも一世代30年以上は時間がかかることを前提にして政策を考えるべきである。特に高齢者は、5年間で県外だけでなく市町村内も含めた社会移動率ですら10％程度なので、高齢者を移動させることに仮に成功したとしても、より長期間が必要となる。

2　都市計画からみた社会的弱者政策

　前述のとおり、単身高齢者などの社会的弱者の移住には、仮に政策が実効性を持つとしても相当長期にわたることが明らかである。

　よって、単身高齢者などの社会的弱者が、都道府県ごと市町村ごとだけでなく、市町村の行政区域の内部でも地区ごとに偏りをもって相当長期にわたって存在すること自体を直視して、その集住している空間、地区に応じて適切な施策を講じることが有効と考える。

　国の予算において、高齢化に伴い社会保障関係費が毎年1兆円以上の自然増となることから、「効率的」に社会的弱者に対して政策を講じる必要がある。この効率性を実現するためには「空間や地区」を対象にして、社会保障施策だけでなく、交通政策や各種の施設の整備や改修計画、公共空間の有効利用施策など、各省庁にまたがる政策を「総合的」に展開する必要がある。

　この観点からも、社会的弱者が相対的に集住している空間や地域を対象にした都市計画と、それに基づく施策の総合的実施が有効と考える。

● 第3章　社会的弱者を守る

Ⅲ　社会的弱者対策としての都市計画——その他の空間計画の提案

1　関連する既存の提案

　単身高齢者などの社会的弱者を空間計画としてとらえて政策を提案するものとしては、以下のものがある。

ア　明治大学の園田真理子教授は、地域の空き家を活用して居住者同士の互助と地域の互助を一体化する「互助ハウス」と、地域住民と「互助ハウス」の入居者が集う「コモンハウス」を提案している。[7]

　なお、厚生労働省が2014年4月から開始した「低所得高齢者等住まい・生活支援モデル事業」も基本的に同様のコンセプトである。

イ　国土交通省住宅局が主宰した「住宅・安心政策研究会中間報告（2014年4月）」においては、居住支援協議会による、総合的な「住まい」のサポートの実現を提案している。[8]

ウ　UR都市機構「超高齢社会における住まい・コミュニティのあり方研究会報告書」（2014年1月9日）による「UR団地を地域の医療福祉拠点として、国家的なモデルプロジェクトの実現」の候補団地として、高島平団地、千葉幸町団地、男山団地をあげている。[9]

エ　東急電鉄は「次世代郊外まちづくり構想」を横浜市と共同でとりまとめ、東急田園都市線沿いで、総合的なまちづくり、総合的な生活サービス、世代循環、環境負荷軽減とエネルギー、地域経済循環を提案している。[10]

オ　都市政策の観点から、社会的弱者対策に言及した報告書は特に見当たらない。

　ただし、拙稿[11]において、都市再生特別措置法の改正の提案として、生活、環境、安全の観点から自立型の都市再生を実現するための計画「持続可能・自立型都市再生計画」（仮称）を提案し、電鉄会社等の団地再生事業の計画の位置づけと用途規制等の緩和、戸建て住宅地での公営住宅の借り上げとシェハウス化の許容、リノベーション等に対する政策金融の充

● 第1節　政策課題〈初級編〉：社会的弱者を守る

実などを提案している。

2 | プロジェクトをより具体化するための基本的方向

　単身高齢者など社会的弱者に対して空間や地域を対象に、より効率的で総合的な施策を講じるに当たっては、既存の施策提案について、以下の方向からの充実が必要と考える。
ア　市町村それぞれの社会的弱者の数や居住地、その将来見通しを踏まえた市町村の重点的かつ横断的な対応
イ　全体の事業の中で一定の収益をあげることによる、行政の運営費補助に頼らない効率的かつ安定的な経営
ウ　事業収益を支えるための総合的な地域管理、生活サービス主体としての組織と体制
エ　地域にある空き家や都市公園、公共賃貸住宅など、地域資源を最大限活用する政策の総合化
オ　既存の社会保障制度や住宅政策制度上の補助制度、建築基準法や消防法などの適切な活用と運用上の対応

3 | 具体的な事業モデル─「社会的弱者のための地域自立モデル事業」（仮称）と支援の枠組みの提案

ア　市町村マスタープランにおいて、地区ごとの高齢者など社会的弱者の居住者数の把握とその見通し、それに対応する生活サービス関連施設の需給関係を分析して、市町村の地区ごとの生活サービス不足地域を洗い出す。
　この際、市町村部局内での情報共有が必要であることから、法制度上、個人情報保護条例の適用除外を市町村マスタープランの作成の際に可能とする法制上の措置を講じる。
イ　社会的弱者が集住して、かつ、生活サービスが不足する地区ごとに、地域住民の共同出資をベースとしつつ、地区内に団地など所有地を保有するUR都市機構、電鉄会社、地方住宅供給公社、民間デベロッパー、ハウス

メーカーなどが出資する地域SPC法人を設立する。地域SPC法人出資は、第189国会で改正された独立行政法人都市再生機構法により、UR都市機構が実施できるようになったが、地方住宅供給公社法についても当該出資のため同様の改正を措置すべきである。また、スムーズな組織立ち上げと民間金融機関の融資を受けやすくするため、政府金融機関の出融資を行う。

　なお、協議会ではなくSPC法人とするのは、収益事業を同時に実施して必要な人材を雇用するとともに、地域内での消費活動に参加して地域経済循環を円滑に進めるには法人格が必要なためである。

ウ　地域SPC法人は、単身高齢者などの社会的弱者に対する生活サービス事業を適正な料金を得て行うとともに、収益基盤を安定させるため、それぞれの地域にあった宅食サービス、福祉有償運送事業、地域内でのバリアフリー改修など建物改修事業などを実施する。

エ　市町村は、当該地域SPC法人に対して、社会的弱者に向けて公益性のある事業を実施する主体として認証する。その認証に基づいて、地域資源である民間住宅の空き家、住宅の周辺にある整備が終わって十分活用されていない住区基幹公園[12]、公営住宅、UR賃貸住宅、地方住宅供給公社住宅の空き家などの利活用を行い、生活サービス事業を収益事業の一体的な実施を行う（図表33〜35）。

　認証地域SPC法人が、住区基幹公園の占用特例や公営住宅の空き家の目的外使用、UR賃貸住宅、地方住宅供給公社の空き室を福祉的に利用できるよう、認証制度とあわせて必要な特例措置を講じる。

オ　認証地域SPC法人の行う事業、初期の設備投資への補助については、地域内の事業所や空き家を複数まとめた一つの地域ネットワークをサービス付き高齢者向け住宅や子育て支援施設、地域交流センターとして位置づけ、面的な広がりの中の複数の建築物の連携ネットワークを一つのサービス事業主体と見なすことができるよう、補助制度、出融資制度の要件の改善を行う。

カ　住宅市街地などにおける民間所有の空き家の活用においては、所有者が安心して認証地域SPC法人に貸し出すことができるよう、一度、市町村が民間所有者の空き家を公営住宅その他の賃貸住宅、又は子育て支援施設な

● 第1節　政策課題〈初級編〉：社会的弱者を守る

■図表33　都道府県別空き家率

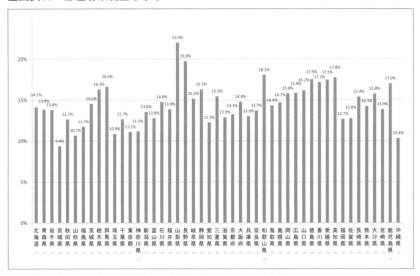

（出典）平成25年住宅・土地統計調査確報値に基づいて筆者作成。

■図表34　都道府県別の都市計画区域人口当たりの住区基幹公園の面積

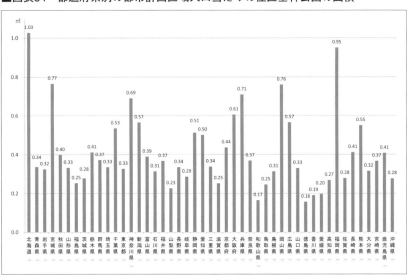

（出典）都市公園データベース、都市公園整備現況一覧表（2014年3月）に基づき筆者作成。

■図表35　都道府県別公的賃貸住宅ストックの状況

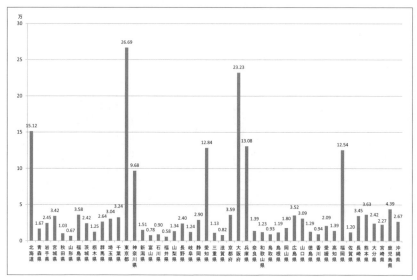

（出典）平成25年住宅・土地統計調査速報値に基づき筆者作成。

どの用途の建物として借り上げて、再度、認証地域SPC法人に貸し出すといった契約形式を使う。これにより、認証地域SPC法人が安価で安定的に空き家を使用できる枠組みを市町村が整備する。国はそのような取組みが進むようにモデル事業補助などを行う。

　特に「子ども・子育て支援法」で認められた「小規模認可保育園」の制度を積極的に活用する。

キ　空き家のリノベーションとその有効活用に当たっては、農家民宿と同様の旅館業法の運用緩和や第一種低層住居専用地域での福祉事業所やコンビニエンスストアなど用途制限の緩和措置を行う。なお、福祉施設の消防法上の制限や建築基準法単体規定の制限については、現状では規制緩和の理屈が困難であることから[13]、空き家を高齢者や低所得者用のシェアハウスとして利用しつつ、地域全体でサービスを供給する事業モデルを展開することから着手すべきと考える。

ク　なお、本項の「社会的弱者のための地域的自立事業」の提案について

●第1節　政策課題〈初級編〉：社会的弱者を守る

は、貯蓄を豊富に持っている単身高齢者世帯やある程度所得のある母子家庭、父子家庭が消費するサービスに伴う資金を、地域経済内で循環して、地域内での生活サービスに還元するという発想から立案している。これによって、低所得で自力では生活サービスを受けられない世帯に対しては、税金に基づく所得再配分措置を重点的に実施することが可能になると考える。

4　まとめ

　はじめに述べたとおり、欧州においても、我が国での導入時点でも、都市計画は、その時代の都市問題を解決するための政策体系であった。
　その後、我が国では都市計画法などの総合的な都市計画制度体系が整備され、都市施設の整備に対する補助制度や土地利用制度が充実した。その一方で、介護保険などの社会保障制度の充実、サービス付き高齢者向け住宅制度など住宅政策の制度なども充実して、都市政策、住宅政策、社会保障政策などそれぞれが別個のものとして推進されてきた。
　しかし、我が国では、国と都市財政の厳しい状況を踏まえ、国の政策体系としても地域で自立的な互助や共助、さらに地域ビジネスの展開を通じて効率的に様々な社会問題を解決する必要が出てきている。今こそ、池田宏氏など先輩たちの思いに立ち戻り、地域や地区に着目して総合的に様々なサービスを提供する主体や事業手法、それらへの支援体系を整備し、実施することが必要だと思う。
　地域や地区に着目するということは、すなわち都市計画として政策を再構成して、その地区で深刻化している社会問題への解決の手法を開拓していく必要があるということである。このため、都市計画制度や都市政策の世界からは遠いと考えられている「社会的弱者対策」についても、都市計画の観点から制度的対応を講ずべきと考える。

■注
1)　大辞林によれば弱者とは「弱い者。力のない者。社会的に弱い立場にある者」とされ

● 第3章　社会的弱者を守る

　　る。なお、法令上は「社会的弱者」という用例は存在しない。
2)　池田宏『都市論集』（1940年）、水内俊雄『モダン都市の系譜』（ナカニシヤ出版、2008年）参照
3)　http://www.policycouncil.jp/pdf/prop04/prop04.pdf
　　http://www.policycouncil.jp/pdf/prop04/prop04_2.pdf
4)　拙稿参照。　http://www.minto.or.jp/print/urbanstudy/pdf/u59_01.pdf
5)　拙稿参照。　http://www.minto.or.jp/print/urbanstudy/pdf/u59_02.pdf
6)　高齢者の社会移動率よりも、生産年齢人口の社会移動率が高いため、介護サービスの需要が高まれば、高齢者が移住するよりも、高い賃金水準に引かれて生産年齢人口が東京圏に集中する可能性もあると考える。同様の視点として以下のブログ参照。
　　http://d.hatena.ne.jp/Chikirin/20150618
7)　園田真理子「新たな推進主体としての地域善隣事業の構想」（「社会保障旬報」No.2579)
8)　http://www.mlit.go.jp/common/001087252.pdf
9)　http://www.ur-net.go.jp/press/h25/ur2014_press_0109_choukourei.pdf
10)　http://jisedaikogai.jp/machizukuri2013/
11)　http://www.minto.or.jp/print/urbanstudy/pdf/u60_05.pdf
12)　住区基幹公園は、街区公園、地区公園、近隣公園の集計概念で、徒歩圏にある身近な公園のことである。
13)　福祉施設に対する消防法や建築基準法の単体規定については、福祉施設立地の抑制による負の影響と、火災等の抑止効果による正の効果を総合的にリスク判断して、例えば、中西準子氏が『環境リスク学』（日本評論社、2004年）で分析したように、例えば、トータルで生存年齢が上昇するか否かを計測する必要がある。現時点で、そのような技術的検証がないまま、消防法等の規制を緩和することは難しいと考える。

■参考文献
1）白川泰之『空き家と生活支援でつくる「地域善隣事業」』（中央法規出版、2014年）
2）東京大学高齢社会総合研究機構『地域包括ケアのすすめ』（東京大学出版会、2014年）
3）長澤泰『高齢者の住まい』（市ヶ谷出版社、2014年）
4）森一彦ほか『空き家空きビルの福祉転用』（学芸出版社、2012年）
5）松村秀一『団地再生』（彰国社、2001年）
6）馬場正尊『PUBLIC　DESIGN新しい公共空間の作り方』（学芸出版社、2015年）

第2節
政策課題〈応用編〉
社会的弱者のためにできること

Ⅰ 住宅団地での高齢者等への生活サービス事業の立ち上げ方

1 検討に当たっての前提条件

(1) 純然たる医療、介護サービスそのものには踏み込まない

　厚生労働省が進めている「地域包括ケア」では、自宅や地域での自立を進めるとのことだが、最終的に、看取りまでを自宅で行うのか、それとも、それは病院なり施設で看取るのかについて、方針が明確ではないように思われる。
　一方で、現実には、8割を超える人が医療機関で看取られるという現状にある。(図表36)。
　これについては、デンマークのように看取りまでを地域で行うという方針に基づき、施設の建設を中止するとともに、24時間の看護師、介護士の見守り体制と充実した公営住宅ストックで対応する国もある[1]。しかし、日本では、公営住宅ストックはデンマークに比べて圧倒的に乏しく、また、厳しい財政負担のなかで見守りサービスを効率的に行う観点からは、要介護度が上がった高齢者は施設入居をした方が望ましいとの意見もありうると思う。
　この部分は重要な政策判断であって、これを整理しないと、地域での高齢者向けの生活サービスがどこまでを議論するかの前提がはっきりしない。
　また、医療、介護サービスそのものについて、国及び地方公共団体の財政

● 第3章 社会的弱者を守る

■図表36 医療機関における死亡割合の年次推移

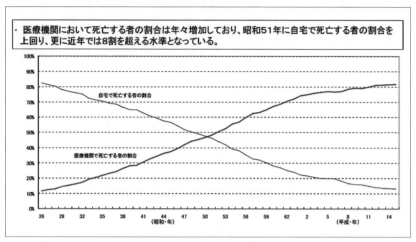

(資料)「人口動態統計」(厚生労働省大臣官房統計情報部)

負担があるため、事実上、自由に民間企業や地元団体が参入することができず、新しい事業主体によるサービス提供を柔軟に試みることができないという、検討に当たっての制約要因もある。

(2) 生活サービス事業の対象としては、純然たる医療、介護サービスの周辺にある生活サービスをまず検討する

例えば、買い物やかかりつけ医の診察を受けるための自動車での送り迎え、特に、体調が悪いときにはかかりつけ医と相談して、離れた地方にいる親族への連絡、単身高齢者の預金の引き下ろしのための自動車での送り迎え(これらは、料金をとっても「福祉有償運送」[2]として不十分ながら制度緩和が行われている。)、毎日の健康状態の見守りと離れた地方にいる子どもへの連絡、簡易書留など郵便物の受け取りや管理、毎日の食事の宅配、洗濯や掃除などの支援、公衆浴場への送り迎え、預金通帳の管理(置き場所を覚えておいてあげる。)や税金などの支払い支援などが考えられる。

これらは、要介護度が低く、当面、自立して生活できている高齢者では、介護保険での対応内容は乏しく、これらのサービスを受けることが事実上困

● 第2節　政策課題〈応用編〉：社会的弱者のためにできること

難である。しかし、この部分のサービスを対価をきちんと払っても、高齢者に提供してもらえれば、単身高齢者などのQOL（生活の質）は非常に向上するし、また、子どもが仕事を休んで帰省するなどの介護負担が大幅に軽減される。

　また、この部分は、介護保険の枠外なので、対価をきちんととりつつ、民間企業や地元の共同体などが、助け合いの要素もいれて事業として提供することが可能であり、いろんなアイディアを検討する価値がある。

(3) 地方都市の持家居住の高齢者は相当の貯蓄を持っている世帯が相当数存在する

　地方の住宅団地で持家を高度成長期に取得した現在の高齢者は、既にローンも返済し、退職までに一定の貯金を確保し、また、年金額も上限額に近い金額を受け取っている世帯も多いと想定される（図表37、38）。

　もちろん、地方の住宅団地でも貯蓄も少なく、また単身になって年金額も減ってしまった単身高齢者も存在する。このような資金の乏しい単身高齢者に対しては、そもそも、税金を一部投入している介護保険の仕組みのなかでどこまで救えるかという議論になる。

■図表37　金融資産保有額　年令別・単身世帯

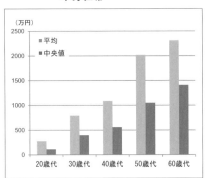

■図表38　金融資産保有額　持家別・単身世帯

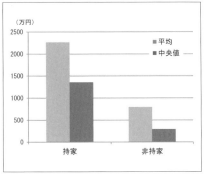

（注）金融広報中央委員会「家計の金融行動に関する世帯調査（単身・二人以上世帯）」（平成26年度）に基づき筆者作成。

● 第3章　社会的弱者を守る

　むしろ、今、総合的な生活サービス提供事業のニーズがあるにもかかわらず、十分に市場で供給できていないのは、持家居住で、貯蓄も年金額も相当の額を持っている高齢者世帯であり、彼ら、彼女らは、対価をむしろきちんと払って、様々な生活サービスを受けたいというニーズを持っている。この単身高齢者又は高齢者夫婦の世帯のニーズに応える点で、新しい知恵、アイディアが出せる可能性があると考える。

(4) 地方都市の持家居住者の高齢者はまだ、元気な人が多い

　昭和40年代の高度成長期に40～50歳で持家を取得した世代は、現在、80歳台に突入して、総合的な生活サービスが必要となる世代となってきている。その一方で、いわゆる団塊の世代、1947年から1949年の第一次ベビーブーム世代は、まだ、70歳前で、平均的にいうと、75歳くらいまでは、高齢者も健康を維持している割合が高く、また、地域的な共助の活動への可能性もあると考える（図表39）。

　その意味では、まだ、住宅団地で、生活サービスが必要となっている、社

■図表39　年齢別人口10万人当たりの入院受療率

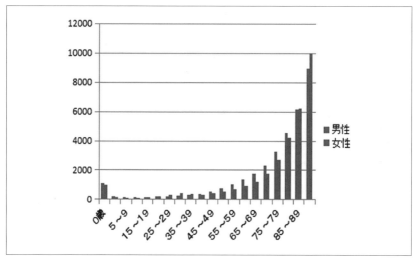

（注）厚生労働省「患者調査」（平成23年10月）により筆者作成。

● 第2節　政策課題〈応用編〉：社会的弱者のためにできること

会的弱者である後期高齢者が少数で、団塊の世代がむしろ、地域のサービスをきちんと対価をもらって提供する側にまわる可能性のある現時点で、生活サービス提供事業について、検討しておく必要があると考える。

2　生活サービス事業を立ち上げる際の関係者

(1) 住宅団地を供給した事業者

　UR都市機構、地方住宅供給公社、電鉄会社その他のデベロッパー、ハウスメーカーなどが、各種の事業の組み立てや住民の意見調整をするプラットホームを構築する主体として想定される。

　また、UR都市機構や地方住宅供給公社、電鉄会社などは、現実に取組みを始めているが[3]、まだ、持続可能なビジネスとして立ち上がったという状況までには至っていないと考えている。

(2) 土地又は床を保有している公的主体

ア　UR都市機構や地方住宅供給公社が保有している賃貸住宅の空き室や、空いている土地を活用して、そこに生活サービス事業を立ち上げる事例が生じてきており、これを一層進めるべきである。

イ　開発に当たって事業者に無償提供をさせた公園や地区住民センターについては、公園は公園管理者が、地区住民センターは市町村又は管理組合が管理している場合が多いと想定される。このような公有地や公有建築物は、市町村の首長が発想を変えて、生活サービス事業を民間ベースで提供するための空間として位置づけなおすことによって、今までにない、新しいサービスを提供することが可能になると考える。

　特に、住宅団地で開発者負担で整備させた小規模な公園については、公園管理者としても維持管理に予算を割けない状況になってきており、維持管理水準も低い。この維持管理とあわせて、生活サービス事業を展開する空間として、公園を考えるべきである。

177

(3) 住宅団地の持家に居住する健康な前期高齢者の役割

　先に述べたとおり、75歳までの前期高齢者は比較的健康な方が多く、また、自由になる時間もあることから、きちんとした対価を支払うことを前提にして、様々な地域の生活サービス事業に参加して（出資をし、または社員としてサービス提供を行う）、所得を得、また、逆に、将来、同様のサービスを無償で受けるための、「未来への貯金」を自らの支援活動を通じて貯めるインセンティブが十分働くと考える。

3 新しい生活総合支援事業のモデル例

　UR都市機構の賃貸住宅ストックを活用した医療、介護サービスとの連携の動きは既に出ている。
　ここでは、従来なかった都市公園やそれと一体的にある地区センターなどの公共建築物を活用したモデル事業を提案する。
(1) 関係者との調整を行う事業プラットホームは、原則として、当該都市開発を行った事業者（地方住宅供給公社や民間事業者など）が市町村と連携して構築する。
(2) 都市公園の公園施設の設置許可又は都市公園に隣接してある地区住民センターを都市公園内に取り込んで、生活サービス提供事業主体が設置許可を受ける。この際、都市公園の前提となる都市計画施設の区域の変更、少なくとも、計画書に書かれる公園施設の内容が大幅に変わることから、住民手続を含んだ、都市計画変更手続を行う。
(3) 都市計画の変更手続が終了した段階で、事業プラットホームが、公園管理者と連携して、公園施設の民間設置希望者に対して、企画提案を実施する。この際、生活サービス内容としては、住宅団地において不足している、コンビニエンスストア機能や宅食サービス、宅配便の機能などを重視し、また、生活サービスの提供と同時に公園の質の高い維持管理を提供することを重視して、民間事業主体の提案を評価する。
　この際には、同時に、政策金融機関、当該都市開発を行った事業者及び

● 第2節　政策課題〈応用編〉：社会的弱者のためにできること

住宅団地地権者による出資による支援があることをあらかじめ条件提示する。

(4) コンビニエンスストア機能や宅食サービス機能を有し、そして、他の見守りサービスなど高齢者に対するサービスを総合的に実施する民間事業主体を選定して、政策金融機関の出資や都市開発事業主体の出資とあわせて、地域SPC法人を設立して、都市公園内に、コンビニエンスストア機能などをもった生活支援センターを設置する。

　特に、コンビニエンスストアや宅食配達機能を必要条件としたのは、介護サービスに近い単なる生活支援サービス機能のみでは、当該地域SPC法人が、持続可能に黒字を出すことが難しいと考えたからである。このため、第一種低層住居地域でコンビニエンスストアや事務所機能を50㎡以内しか設置できない制限を緩和することによって、安定的にコンビニエンスストアのフランチャイズ事業で黒字の業務を出しつづけ、これを核事業としつつ、さらに、高齢者向けの総合的な生活サービス事業を拡大していくという戦略が望ましいと考えたからである。[4)5)]

(5) また、都市公園の公園施設の整備事業については、都市計画事業として認可を受けた場合には、都市計画税収を充当することが可能である。公園管理者である市町村が総合生活支援センターの一部を整備した場合に加え、公園施設を設置許可で整備する地域SPC法人も、都市計画法第59条第4項で都道府県知事の特許を受けた場合にも、都市計画税収を充当して、例えば、当該特許事業者に市町村が補助することは可能と考える。

　なお、民間開発事業によって開発された住宅団地においては、通常、開発者負担、つまり団地の宅地や住宅の購入者の負担で公園や公園施設の土地及び整備が行われている。その一方で、継続的に固定資産税に加え都市計画税を徴収されている住宅団地の地権者にとってみれば、都市計画税収でなんらかの住宅団地に役立つ都市計画事業が実施されることは、都市計画税を払う義務を納得するためにも必要である。

　また、マクロでみれば、都市財政全体からみて、従来型の街路事業や下水道事業などの事業規模が縮小してきており、このような既存公園の再活用など、都市計画税収の活用方法を広げておくことは、市町村の財政当局

● 第3章　社会的弱者を守る

■図表40　平成25年度決算での都市計画税収の余剰状況

都市計画事業支出が都市計画税収より少ない市町村数	8
都市計画事業支出の半分が国庫補助と仮定すると、市町村自らの都市計画事業支出が都市計画税収より少ないと想定される市町村	161
都市計画事業を実施している市町村数	1569

（注）総務省「平成25年度市町村別決算状況調」に基づき筆者作成

にとっても必要なことである（図表40）。

この事実は、市町村の団地再生部局が市町村の財政部局に予算要求をする理屈にも使えると考える。

4　新たに事業を実施する際に必要となる制度改正項目

(1) 原則として、一切の法改正なしに運用を工夫することで対応は可能である。
(2) 市町村内での団地再生部局と、公園管理部局、建築部局、財政部局などとの調整をより円滑に行うためには、以下の制度改正が行われることが望ましい。

ア　開発者負担で求めた都市公園について、団地再生のために積極的に公園施設の設置管理許可制度を活用する趣旨の運用指針の発出

イ　公園施設を整備するに当たって、公園の設置許可の手続と、都市計画事業認可の特許の手続の進め方の明確化とその運用指針の発出

ウ　第一種低層住居専用地域においては、特定行政庁の許可がなければ、50㎡を超える店舗を設置できない（建築基準法第48条第14項）。このため、当面は、運用上、都市公園内に市町村が設置許可する場合の手続について、円滑に調整して、特定行政庁が判断するような指針を住宅局が発出すべき。

エ　最終的な制度の整理としては、都市計画で都市公園内に当該生活支援サービス事業を実施する公園施設を位置づけた場合には、住宅団地全体からみて、生活支援サービス事業を実施する公園施設の必要性が、住民参加手続き等で明確化されることになる。この意味で都市計画に位置づけられ

● 第2節　政策課題〈応用編〉：社会的弱者のためにできること

た当該公園施設については、特定行政庁の周辺環境との調整の判断は都市計画段階で済んでいるので、都市計画に位置づけられた公共施設については第一種低層住居専用地域での建築を一般的に可能とするよう、建築基準法別表第二の改正を検討すべきと考える。

オ　地方住宅供給公社法を改正して、地方住宅供給公社が団体再生のための生活サービス事業者に対して出資することを可能とするよう業務規定（第21条）を拡充する。

5　まとめ

　住宅団地の社会的弱者である単身高齢者などを支援する生活サービス支援事業については、貯蓄などが豊富な高齢者を中心として、適切な対価を払ってビジネスとして成立する可能性がある。現状では、都市公園の規制や建築基準法の用途規制があって、可能性が全くないものと思われているが、むしろ、住宅団地にある、管理に十分行き届かない公園や空き家などを地域資源と考えて、一定の規制緩和や運用指針の明確化で、単身高齢者などに、より質の高いサービスが提供できると思われる。

　このような環境整備によって、具体的なビジネスにつながっていくかどうかについて、開発主体である、UR都市機構や地方住宅供給公社、電鉄会社などと、さらに、住宅団地での生活サービス提供主体となりうる、コンビニエンスストアのフランチャイジーや宅配便業者などとも意見交換をして、少しでも早くモデル事業を追求していきたい。

II　平時の住宅政策のあり方と住宅復興政策

　単身高齢者や母子家庭などの社会的弱者は、大規模災害の際には生存環境が脅かされる可能性が一層高くなる。そのため、復興段階でも住宅政策としての配慮が必要である。しかし、復興政策においては「平時でできないことはできない」ということも阪神淡路大震災・東日本大震災で経験された事実である。

● 第3章　社会的弱者を守る

このため、社会的弱者に対する都市計画の参考になる視点として、平時及び災害復興時の住宅政策について述べる。

1 平時の住宅政策の課題

(1) 住宅政策の政策目標

住生活基本法第3条から第6条には、住宅政策の理念が規定されている。このうち、第5条の住宅購入者の利益の擁護、増進の規定は、情報の非対称性を前提にした政策の必要性を述べており、この点については、住宅性能保証制度や住宅瑕疵担保制度など制度の充実が図られている。

第4条の居住環境については、外部経済性・不経済性の問題として引き続き重要な課題である。第6条の住宅の確保に配慮を要する者の対策、あるいは第3条の「居住者の負担能力の考慮」などは、いわゆる市場では解決できない「配分」の課題と理解する。[1]

なお、住宅政策のうち、いわゆる持家を供給することによってトリクルダウンが生じて全体の住宅の改善、居住環境の改善が図られるという仮定が強く批判されている現状も十分留意する必要がある。[2] また、住生活基本法では明確ではないが、従来住宅政策の対象外と考えられてきた防災対策、エネルギー政策、福祉政策などの政策課題への貢献という点も重要と考える。

以上の考察を前提にして、現時点で住宅政策の重要な政策目標を整理すると以下のとおりと考える。

① 国民の健康で文化的な生活の基盤となる居住の安定
② 良好な居住環境の確保
③ 災害に強いまち、エネルギー消費の少ないまち、福祉を支えるまちなど、他の政策課題との連携

(2) 住宅政策の課題

以下、住宅政策における代表的な課題を列記する。

● 第2節　政策課題〈応用編〉：社会的弱者のためにできること

ア　居住の安定関連
① 従来、法律で住宅確保要配慮者として明示されている「低額所得者、被災者、高齢者、子どもを育成する家庭」に加え、パラサイトシングルなど正規雇用につけない若年、中年低所得労働者への対応
② 低所得者層の増加に対して適切な場所で必要な量を確保できない公営住宅のあり方
③ 住宅での孤独死の防止、地域の見守り体制の確保

イ　良好な居住環境の確保
① 人口減少、世帯減少社会に対応した新築の抑制とリノベーションなど既存住宅の活用、中古住宅の流通促進
② 大都市圏など郊外団地での空き家問題、農山村集落の集落消滅可能性の問題への対応
③ 将来の大規模修繕、建て替えについて不確実性のある高層の区分所有建物に対する制度的手当
④ 町屋、古民家など歴史的な価値ある住宅の保存、利活用

ウ　他の政策課題との連携
① 福祉政策側にある、地域の住まいへ政策を委ねがちになるという課題に対応した住宅政策側の対応
② 住宅の耐震性、断熱性などの省エネ機能、バリアフリー対応など住宅の機能改善
③ 木造密集市街地の問題

2　今後の住宅政策を再構築するうえでの制約要因

　今後の住宅政策を再構築するに当たって、政策当局が常に留意すべき社会経済情勢は以下のとおりである。

ア　超高齢社会、人口減少、世帯減少社会
　住宅の建築ニーズが減少するとともに、空き家への対応が重要になってくる。また、超高齢社会においては、福祉政策との地域での連携が極めて重要になる。

● 第3章　社会的弱者を守る

イ　国、地方公共団体の財政難、住宅政策担当の職員減

　国、地方公共団体の財政難、さらに住宅政策担当職員が減少するなかで、優先順位をつけ、システムとして効率的に住宅政策を実施する必要がある。

ウ　首都直下地震、南海トラフ巨大地震の発生可能性、エネルギー制約

　巨大地震に対応して耐震性、耐火性、耐津波性のある住宅ストックを増やすとともに、エネルギー制約の観点からできるだけエネルギー消費の少ないエネルギー自立型の住宅を目指す必要がある。

3　今後の住宅政策の展開

　今後の住宅政策が展開する方向は以下のとおりである。

ア　住宅政策と都市政策との一体化

　都市計画制度は欧米では居住環境の改善を大きな目的としており、そもそも住宅政策と都市政策は一体的に運用する必要がある。特に、急激な人口減少社会を迎えた現在、当該都市ごとに空き家の存在量を踏まえてどの程度の新築戸数を許容すべきかの政策判断は、都市計画マスタープランに位置づけ、土地利用規制に反映させて初めて実効性があがるものになる。さらに、住宅政策と福祉政策、防災政策などとの連携を円滑に進めるうえでも、基盤整備や土地利用規制などを担当する都市政策部局との連携が重要となる。

　なお、多くの市町村で現実に公営住宅管理担当以外の住宅政策担当者が存在しないことを踏まえると、都市政策と一体的に住宅政策を実施することによって、住宅政策の担当者が存在しないという問題を当面解決することができる。

イ　公営住宅と持家・民間賃貸住宅の間に、家賃補助の社会住宅を位置づける

　日本では政策的な対応をしている賃貸住宅は原則として公営住宅しか存在しないが、諸外国では政策的に家賃軽減を行っている国が多い（図表41）。

　一方、日本の公営住宅では応募倍率が高いため、入居した者勝ちとなって必要な財政支援が特定の者に厚く集中する傾向を持っている。

　このため、民間の賃貸住宅に対して家賃補助をする仕組みの導入が検討課題となる。しかし、生活保護における住宅扶助との関係の整理、公共事業関

● 第２節　政策課題〈応用編〉：社会的弱者のためにできること

■図表41　欧米大都市と東京での施策住宅の割合

(単位：％)

	持家	市場家賃	家賃軽減	公営住宅	その他
ロンドン	50	25	11	13	1
ニューヨーク	32	30	32	6	0
東京	44	43	7	4	2

(備考) 一般財団法人　森記念財団都市整備研究所「2030年の東京」（平成26年12月）のデータを用いて筆者が加工した。

係費の中で家賃補助が予算化できるかといった、制度化に当たっての課題がある。

とりあえずは民間賃貸住宅の借り上げ公営住宅について、より対象住戸を柔軟に設定するとともに、借り上げ公営の場合の家賃設定の柔軟化、大規模な住宅を借り上げる場合のシェアハウスやコーポラティブハウス形態を許容するなど、民間賃貸住宅のストックを効率的に活用し、市場家賃より家賃を下げて、より広い住宅困窮者（若者・非正規規雇用・低所得のケースも含む。）の対応を実施する。

　ウ　福祉政策との連携、特に地域SPC法人による居住サービスの提供

福祉政策サイドでは、地域包括ケアとして中学校区単位での地域での住まいと医療施設、介護施設などの連携施策を推進している。これに対応して、中学校区単位ぐらいで住宅の居住者が助け合って地域共同体を組織化し、福祉以外の公共交通や防災、公共施設、公共建築物の管理などを自立的に実施していく取組みをいっそう促進する。

特に、高度成長期に開発された空き家の目立つ郊外の住宅団地や、高齢化が進んだ農山村集落においては、地域SPC法人が音頭をとって、住宅をリノベーションしてシェアハウスとし、さらに、医療、福祉施設のサービスを行う居宅介護事業所や診療所、デイケアセンターの立地促進を図るとともに、その際に障害となる規制緩和を実施する。

このような地域の社会関係資本[3]を活性化する取組みは、災害が起きたときの復興の下支えとなるのはもちろん、地元住民意見をとりまとめる力、地区防災計画を策定する推進力として活躍することも期待される。

● 第3章　社会的弱者を守る

> エ　市町村第一主義の徹底とUR都市再生機構の位置づけの強化

　住宅政策は都市政策と一体となって、住民の主体的参画をもって進めるべき政策なので、市町村が第一義的に責任を持って行うべきと考える。現実には、市町村で住宅政策を担う体制や職員が不足する場合には、都道府県が補完するという位置づけが望ましい。

　なお、現時点では、UR都市機構の住宅政策上の位置づけが不明確になっているが、古い賃貸住宅ストックが公営住宅階層を受け止めている事実を尊重し、これが継続的に低所得者層など公営住宅層を受け止めることができるよう、公営住宅に準じる位置づけをUR賃貸住宅に付与すべきと考える。この際には、UR都市機構が現在禁止されている市場家賃での賃貸住宅供給を再開することで収益を確保し、その内部補助によって古い賃貸住宅のリノベーションやシェハウス化などを可能としつつ、UR賃貸住宅の家賃の軽減を実現すべきと考える。UR都市機構が大都市圏に保有する賃貸住宅が、現状のように民間売却されるのではなく、今後長期的に公営住宅を補完する役割を果たせるよう工夫をこらすべきである。

> オ　建物修繕積立金など管理運営のための規定整備など

　区分所有の住宅、いわゆる分譲マンションで高密度・高層化したマンションは、大都市だけでなく地方都市の駅前などに立地が進んでいるが、多数のマンションの所有者が管理組合をつくるという現在の法制度では、確実に修繕積立金が確保できる担保がなく、また、平常時であっても、積立金の増額などへの意思決定が困難である。

　また、高齢化が進み、所有者が死亡して相続人がない場合には管理費が確保できないなど、現在の「建物の区分所有等に関する法律」を前提とする法制度だけでは、分譲マンション、特に超高層マンションでは将来世代にとって負の遺産となりかねない。このため、まず、修繕積立金など管理運営のルールである標準契約約款の法制度的義務づけや、将来、空き室だらけで管理不能となったマンションについて、収用による処理の仕組みの創設を検討すべきである。

　さらに、現在の区分所有者と居住者の権利は実質同じとしつつ、建物・土地を住宅組合所有又は住宅保有会社の所有にして、居住者は建物存在期間に

● 第2節　政策課題〈応用編〉：社会的弱者のためにできること

継続する借家権、内装変更権を持つといった新しいマンション所有形態を検討すべきである[4]。なお、このような組合所有等の建物の借家権の取得資金については、当面、民間金融機関の融資が期待できないので、住宅金融支援機構が貸し付けることも検討する。

4 阪神・淡路大震災、東日本大震災における住宅復興の取組みと住宅復興政策として重要な論点

ア　都市政策と住宅政策の一体化

住宅復興計画を策定する上では、人口フレーム、住宅フレームを過大に設定しないよう都市計画サイドと連携するとともに、復興計画に明確に位置づける。仮設住宅、災害復興公営住宅、自力再建住宅、民間賃貸住宅、社会住宅などの立地の土地利用計画を事前復興計画として策定する（応急段階から土地の取り合いを防ぐ、面的整備事業で住宅建設が遅れないようにする。）。

また、市街地整備事業の進捗にあわせて自力再建希望が増えることが予想されることから、継続的なニーズ把握と市街地整備事業地区の縮小の取組みを行う（前掲図表7参照）。

イ　仮設住宅の合理化、本設住宅との連携

仮設住宅は除却まで考えると財政負担が大きく非効率である。しかし、一時的に大量に仮設住宅を供給する場合にはプレハブ仮設もやむを得ないと考える。その場合でもできるだけ地元工務店を活用して木造仮設を混ぜること、みなし仮設の活用（ただし、被災者のケアが欠けないような取組みとセットで）、高齢者と若者世帯との混住化など、孤独死を防ぐ取組みを実施する。

ウ　災害公営住宅、社会住宅など、自力再建以外の手法の複線化

災害公営住宅を新規に建設するだけでなく、民間空き家の借り上げ災害公営住宅、将来的には（予算制度のめどがつけば）家賃補助をする民間賃貸住宅など、経済状況に応じた多様な政策住宅を提供する。

建築技術上も、高層化を避け、地域の見守りがしやすいような中低層の災害復興公営住宅等の供給を都市計画と連携しつつ供給する。

● 第3章　社会的弱者を守る

> エ　平時からの福祉サービスを実施する地域共同体組織への活動支援

　地域での共助の取組みとしての地域共同体活動については、福祉、公共交通、防災、施設管理など多様なサービス提供が可能となる体制、組織的位置づけ、当初の活動支援などを平時から行い、地域共同体組織の活性化を図る。また、復興事業の実施に当たっては、地域包括ケアセンターなど福祉施設の立地に際し、新しい住宅団地の中に福祉施設を計画するなど、住宅政策、都市政策との連携ができるよう事前段階から調整を行っておく。

> オ　担当職員・専門家の応援態勢、UR都市機構の位置づけ、民間事業者の活用

　内閣総理大臣が、国土交通省とも連携して被災市町村に対する職員派遣の斡旋を行う。UR都市機構は、仮設住宅の建設から災害復興公営住宅の建設、UR賃貸住宅の建設について主体的に取り組めるよう、内閣府所管の防災・復興機関と位置づけるなど制度的な位置づけを強化する。

　地元の工務店などが建設する民間住宅を災害公営住宅として市町村が買い上げること、又は借り上げ公営住宅とするため市町村が賃借すること、さらに、社会住宅として民間賃貸住宅に家賃補助すること、CMR（コンストラクションマネージャー）として民間事業者の発注支援業務を担うことなど、復興時の混乱が想定される住宅供給体制について、民間事業者の役割をきちんと位置づける。

> カ　区分所有建物の管理の持続可能性の確保や高層マンションの抑制

　いわゆる分譲マンションは、現時点の法制度では将来の建て替えなどが困難で、特に超高層マンションなど規模が大きい場合には、大規模修繕や建て替えができず、負の遺産となることが予想される。そのため、制度的な対応を事前に行った上で、超高層分譲マンションの供給を都市計画上許容する。仮に超高層マンションについての大規模修繕や建て替えを円滑にする制度が整備されていない段階で発災した場合には、復興段階では都市計画制度を活用して、できるだけ超高層マンションの建設を抑制する。

　被災した分譲マンション対策としては、滅失の特例を活用しつつ、最終的には立体的な不良住宅として収用できる制度設計を準備しておく。

> キ　共助の仕組みとしての住宅共済制度の位置づけ

　被災者生活再建支援法など生活再建の仕組みは、今後の大規模災害に伴う

● 第2節　政策課題〈応用編〉：社会的弱者のためにできること

財政支出の規模から考えて増額することには財政当局の抵抗が大きく、赤字国債で対応することは次世代へのつけを回すとの批判もまぬがれない。当面、現在の300万円という上限額を前提にしつつ、地域の共助の仕組みであるフェニックス共済の加入を全住宅所有者に義務づける方向を検討すべきと考える。この場合には、結果として主に国の財政支出の減少につながるので、国税に準じて国が保険料を徴収する仕組みが適当と考える。

5 まとめ

今後とも、巨大災害からの住宅復興政策を考える上では、そもそも平時での住宅政策は今後どうあるべきかという論点や課題を検証した上で、巨大災害時にはその論点や課題が集中して発生すると考えた上で、政策を立案する必要がある。

■注
1) 参考文献1及び2参照
2) http://www.mlit.go.jp/jidosha/sesaku/jigyo/jikayouyushoryokaku/GB-honbun.pdf
なお、現行の福祉有償運送の仕組みは、タクシー事業者やバス事業者の同意を得る必要があるため、高齢者が求めるルート、例えば、病院までとかスーパーまでのルートについて、同意が得られない場合があり、その点をより高度な公共性の観点から調整する仕組みがないのが問題である。
3) 電鉄会社が鉄道駅周辺に高齢者見守りサービスなど生活サービス提供事業に取り組む事例がでてきている。しかし、まだ、モデル事業であって、独立してビジネスとして成立はしていないと思われる。http://jisedaikogai.jp/http://gendai.ismedia.jp/articles/-/37472
4) セブン・イレブンが熊谷市で高齢者見守り協定を結んだ事例。http://www.sej.co.jp/dbps_data/_material_/localhost/pdf/2011/kumagaya.pdf
5) コンビニエンスストアの商圏は、4,5百メートルであり、近隣住区理論に基づき事業者が整備した公園は、ちょうど商圏とほぼ一致しており、コンビニエンスストアを含む生活サービス事業所の立地場所としては適していると考えられる。http://diamond.jp/articles/-/35620
6) ロナルド・H・コースの「取引費用と情報の非対称性がない場合には、交渉により外部不経済の発生をおさえ公平な財の配分ができる」という議論は承知しているが、住宅については、取引費用、情報の非対称性は大きいと想定されるので、いずれも政策的な

● 第3章　社会的弱者を守る

関与が必要と考える。ロナルド・H・コース『企業・市場・法』（東洋経済新報社、1992年）参照。
7) 平山洋介『住宅政策の何が問題か』（光文社新書、2009年）参照。
8) パットナム『孤独なボウリング』（柏書房、2006年）参照。
9) 住宅共同組合が所有するマンションの実例はスウェーデンで主流であったが、最近はスウェーデンでも区分所有形態のマンションが建築されてきている。水村容子『スウェーデン「住み続ける」社会のデザイン』（彰国社、2013年）参照。

■参考文献
1) 中田雅美『高齢者の「住まいとケア」からみた地域包括ケアシステム』（明石書店、2015）
2) 松岡洋子『デンマークの高齢者福祉と地域居住』（新評論、2005）
3) 松岡洋子『エイジング・イン・プレイスと高齢者住宅』
4) 林克彦『ネット通販時代の宅配便』（成山堂書店、2015）
5) 渡邊詞男『格差社会の住宅政策』（早稲田大学出版部、2015）
6) 平山洋介ほか『住まいを再生する』（岩波書店、2013年）
7) 塩崎賢明『復興〈災害〉』（岩波新書、2014年）
8) 額田勲『孤独死』（岩波現代文庫、2013年）
9) 小矢部育子ほか『第3のすまい』（エクスナレッジ、2012年）
10) 仁科伸子『包括的コミュニティ開発』（御茶の水書房、2013年）
11) 宗野隆俊『近隣政府とコミュニティ開発法人』（ナカニシヤ書房、2012年）
12) 板垣勝彦「災害公営住宅と被災者の生活復興」（自治研究第90巻第4、5、6号）
13) 大水敏弘『実証・仮設住宅』（学芸出版社、2013年）

第3節

参考資料

URL はぎょうせいホームページ（http://gyosei.jp）にも掲載しています。

(1) 都市再生特別措置法

　地方都市や住宅市街地対策としては、第5章の都市再生整備計画の部分を参照。なお、第5章の特例は、都市計画区域に限定されないことにも留意してほしい。

http://law.e-gov.go.jp/cgi-bin/idxselect.cgi?IDX_OPT=1&H_NAME=%93%73%8e%73%8d%c4%90%b6%93%c1%95%ca%91%5b%92%75%96%40&H_NAME_YOMI=%82%a0&H_NO_GENGO=H&H_NO_YEAR=&H_NO_TYPE=2&H_NO_NO=&H_FILE_NAME=H14HO022&H_RYAKU=1&H_CTG=1&H_YOMI_GUN=1&H_CTG_GUN=1

(2) 地方都市における地域SPC法人への出融資

　一般財団法人民間都市開発推進機構のまち再生出資が活用できる。

http://www.minto.or.jp/archives/results_02.html

(3) 居住支援協議会

　住宅確保要配慮者に対する賃貸住宅の供給の促進に関する法律第10条に居住支援協議会が規定されている。住宅局はこれを社会的弱者への住宅対策として提案するが、協議会は法人格がなく事業を実施できないので、これを実際の地域の支援主体とすることには課題がある。

http://law.e-gov.go.jp/cgi-bin/idxselect.cgi?IDX_OPT=1&H_NAME=%97%76%94%7a%97%b6&H_NAME_YOMI=%82%a0&H_NO_GENGO=H&H_NO_YEAR=&H_NO_TYPE=2&H_NO_NO=&H_FILE_NAME=H19HO112&H_RYAKU=1&H_CTG=1&H_YOMI_GUN=1&H_CTG_GUN=1

第4章

緑、景観、歴史文化、環境を守る

　我が国の都市計画については、公園や緑地などの緑環境や市街地環境を守るという観点が当初から含まれており、制度も充実している。また、景観や歴史的建築物を守る制度も同様である。

　しかし、地方公共団体の担当部局での自主的な財源が不足しており、緑、景観、市街地環境など環境を守るための制度が十分に活用されていない状況にある。

　本章では、この点についての新たな取組みを述べる。また、新しい環境問題であるエネルギー問題についても、都市計画が取り組むべき課題を整理する。

● 第4章　緑、景観、歴史文化、環境を守る

緑、景観、歴史文化、環境を守るための施策マトリクス

	現実の問題	政策の基本的方向	
		マスタープラン	主体
緑地、公園など緑環境を守るための都市計画	①都市内農地の無秩序な宅地化 ②都市周辺の田園や雑木林の無秩序な伐採、開発 ③公園の維持管理費の財政負担の増大	①都市の人口推計に応じて、不要な緑の損失を防ぐことを目標に設定 ②人口減少に伴い、空き地を緑に戻すことを目標に設定	①現状の都市公園は維持し、より有効活用 ②都市内農地、田園、雑木林などの緑の空間は民間主体で維持
市街地環境を守るための都市計画	①周辺環境を大きく壊す規模の建築物の建築行為が発生	①東京都心等大都市の都心を除いて、大規模建築物は分譲マンションになることから、新規の住宅供給戸数のフレームを過大にならないよう、適切に設定	①市町村が、将来負の遺産となる超高層マンション抑制などのために、高度地区の絶対高さ制限など都市計画を活用
景観・歴史文化をまもるための都市計画	①普通の歴史的建築物の破壊 ②普通の田園風景などの段階的破壊	①歴史的建築物は壊さない、優れた都市景観、田園景観は壊さないという原則を明記	①建築物、農地等、良好な資産を所有する民間主体が中心 ②民間主体に対する支援を行政や政策金融機関が実施
エネルギー問題に対応するための都市計画	①国全体でのエネルギーシステムが脆弱化 ②都市における石油など化石燃料に依存したエネルギー消費	①都市全体、街区単位、個々の建築物でのエネルギー消費の削減 ②地域自立的なエネルギー供給システムの導入促進	①大都市では、個々の都市開発事業者が省エネ、自立的エネルギーシステムを導入 ②地方都市では、認証地域SPC法人が小規模自立・分散的なエネルギーシステム導入

● 緑、景観、歴史文化、環境を守るための施策マトリクス

土地利用規制	事業手法	支援手法
①特別緑地保全地区など緑を守る制度は堅持 ②生産緑地は税制とセットで議論、農地を保全	①借地公園、民間管理を積極的に展開	①都市公園を活用する民間事業者、地域SPC法人への出融資 ②市町村の保存ファンドへの出融資
①高度地区の事前決定と既存建築物への適切な配慮 ②地区計画など身の回りの環境をまわる制度の活用、充実		①市街地環境の優れた都市開発事業者に対して上乗せ出融資
①容積率需要がある大都市都心では、歴史的建築物に限定して、TDR（容積率移転）を活用 ②文化財指定のされていない建築物に対する建築基準法の運用の弾力化		①市町村が設置する景観保全、歴史的建築物の保存・活用ファンドへの出融資
①エネルギー効率のよい公共交通が主体の都市構造（都市機能の集約化） ②省エネ施設やエネルギー供給施設に対する容積率の特例 ③建築物の断熱性能の強化	①大都市では、地域冷暖房、下水道熱利用、コジェネレーション、中小都市では自立・分散的エネルギーシステム構築を、それぞれ都市計画事業として実施	①優れたエネルギーシステムを導入する都市開発事業者等に対する補助又は出融資

● 第4章　緑、景観、歴史文化、環境を守る

		政策の基本的方向			運用・予算面での対応
		住民参加	公共施設管理	財源確保	
緑地、公園など緑環境を守るための都市計画		①住民共働による緑地管理を進め、その際、収益事業をセットで行うことを容認	①都市公園の民間管理を推進	①都市公園など都市内の緑の整備に対する都市計画税の充当 ②受益者負担金的な仕組みの導入 ③「都市計画基金」からの緑地等保有者への支援	①国、都道府県、市町村のマスタープランで、緑を減らさない方針を明確化 ②都市公園での利用の弾力化を図り、利用料収入を公園管理、緑の保全に充当
市街地環境を守るための都市計画		①住民主体のまちづくり活動支援 ②地区ごとのまちづくり協議会の設置促進 ③住民、NPO主体の都市計画提案制度の積極活用	①公的計画のもとに総合設計の公開空地、広場、公園などを一体的に民間管理に委託	①駐車場の整備など施設整備義務の代わりに「都市計画負担金」を徴収 ②容積率緩和の条件として、事業者自らが空地を整備する代わりに、市町村が環境整備をするための「都市計画負担金」を徴収 ③「都市計画負担金」は「都市計画基金」に積み立て、都市計画の遂行に必要な経費に限って支出	①地区計画の積極的活用 ②高度地区による高さ制限（既存建築物への配慮を含む。） ③景観計画区域内での届け出勧告の基準として、従来の数値基準に限定せずに、委員会審査の方法を容認
景観・歴史文化をまもるための都市計画		①市民や地域企業による景観保全、歴史的建築物の保全・活用ファンドへの共同出資の促進	①古民家などの都市公園への移築	①歴史的建築物や重要景観建築物の収益事業利用を弾力的に容認 ②「都市計画基金」から歴史的建築物等保有者への支援	①歴史的建築物、景観保全ファンドについて、市町村の出資がない場合でも、民間事業者、所有者の出資とのみあいで、政策金融機関も出資
エネルギー問題に対応するための都市計画		①地方部では、住民の共同体による、小水力、バイオマスなど地域住民共同での自立的なエネルギーシステムの導入	①道路、都市公園などの公共空間でのエネルギーシステムの占用化促進	①都市計画税の充当 ②受益者負担金的な仕組みの導入	①都市計画特例、政策金融の上乗せ対象として、自立型エネルギーシステムを支援 ②災害時の帰宅困難者対策など周辺地域へのエネルギー供給を行う協定を結ぶことを条件に、補助金を投入 ③地方都市の地域共同体による自立・分散的エネルギーシステムに対する政策金融

● 緑、景観、歴史文化、環境を守るための施策マトリクス

当面講ずべき制度改革案	最終的に実施すべき制度改革案
①市街地内の優れた緑地に限定して一定範囲での容積率移転を容認 ②都市公園内の公民館など、公園利用者とシナジー効果のある施設を公園施設に追加	①市街地の緑の保全に対応して、所有者に一時又は分割で助成を行う「都市計画基金」を造成 ②「都市計画基金」の財源として、都市計画税、中心市街地での容積率特例に伴う「都市計画負担金」「受益者負担金」を充当 ③行政区域で市町村マスタープラン策定区域に対して、開発行為、建築行為等に対して、届け出義務、市町村の勧告、変更命令等を創設
①景観計画区域での変更命令等の対象に建築物の高さ制限を追加 ②市町村全域での開発行為、建築行為、工作物の設置などの広範な行為に対して市町村マスタープランに基づく届出勧告制の実施 ③駐車場の設置義務に代えて「都市計画負担金」の徴収を可能にし、使途は市街地環境改善など都市計画の遂行に必要な経費に限定	①地区計画などの都市計画の枠組みとその受け皿である集団規定の一本化 ②容積率特例など用途地域規制の緩和は都市計画制度、住民手続に基づく制度に一本化 ③法律によって、用途地域のない地域に対する一律のダウンゾーニング ④開発許可制度と建築確認の一体化 ⑤位置指定道路の対象とする小規模開発を開発許可制度に一体化
①市街地の歴史的建築物に限定して一定範囲での容積率移転を容認 ②「都市計画基金」から、景観保全、歴史的建築物保全を行う所有者への助成	①文化財保護法のうち建築物、面的な指定制度については、景観法に一元化、同時に、担当部局も建築部門に統合 ②文化財指定のされていない比較的普通の歴史的建築物に対する建築基準法の特例の創設
①行政区域全域で市町村マスタープランを策定 ②市町村全域での開発行為、工作物の設置などの広範な行為に対する市町村マスタープランに基づく届出勧告制 ③持続可能、自立型都市再生計画の創設とそれに対応した政策金融措置	①持続可能・自立型都市再生計画の特例に、熱供給事業者、特定発電事業者の特例、小水力発電の特例、下水道利用の特例等の盛り込み ②エネルギー供給システム整備に伴う受益者負担制度の創設

第1節

政策課題〈初級編〉
緑、景観、歴史文化、環境を守る

　都市計画法第3条第2項の住民の責務に「都市環境」が規定されていること、環境影響評価法第9章第1節では都市計画決定にあわせて都市計画決定権者が環境影響評価を行う特例が設けられていることをみてもわかるとおり、環境問題については、「都市計画」の射程の範囲内と考えられてきた。また、景観、歴史まちづくりについては、それぞれ都市計画法とは若干違う切り口として、別の法律の枠組みが制定されてきた。

　しかし、近年、地球環境問題の解決のためのCO_2の排出削減が求められ、さらに、東日本大震災を経てエネルギー自立的な地域構造が求められるなど、環境問題の視点が拡大してきている。

　このため、空間に着目して政策を実施する「都市計画」において、既存の制度の改善を含め視点の広がった環境問題にどのように対応すべきかという論点を再検証すべきと考える。

　特に、エネルギー問題は単体としての建築物の省エネという視点を超えて、空間や地区の単位で自立的にエネルギー供給を行うことが国全体のエネルギー需給の緩和という国益に合致する。また、地域の防災性を向上する観点からも重要と考える。

　このため、本章においては公園などの緑環境や市街地環境、景観、歴史まちづくりという政策目標に対する都市計画の対応について、運用改善及び制度提案を行ったうえで、さらに、エネルギーの問題について都市計画制度上の対応策を提案する。

● 第1節　政策課題〈初級編〉：緑、景観、歴史文化、環境を守る

Ⅰ　公園など緑環境の維持改善

1　公園など緑環境の現況

　都市公園や都市緑地などの緑環境については、その整備は一段落したところであり、一人当たり都市公園等の面積でみても、ほぼ安定状況に入ったことがわかる（図表42）。

　また、都市緑地を保全する制度は、当初から存在する「都市緑地保全地区」や「緑地協定」に加え、規制が都市緑地保全地区より若干弱い「緑地保全地域」が創設され、さらに「市民緑地などの協定制度」が創設されるなど、制度面では詳細化し、充実してきている。

　しかし、実態としては、市町村等における財政措置が十分でなく、都市緑地や都市公園の質を維持することが難しいという課題を抱えている。

■図表42　都市公園等面積と一人当たり都市公園等面積の推移

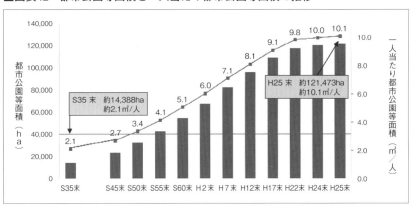

（出典）都市公園等データベースより[1]

● 第4章　緑、景観、歴史文化、環境を守る

2 │ 都市緑地の保全等のための運用改善と当面の制度的改善

(1) 緑環境保全の方針の明確化

　人口減少社会に入った我が国では、首都圏の圏央道周辺など特別な区域を除き、農地や森林を壊して郊外開発する需要は乏しくなってきている。

　このため、国土形成計画又は都市計画運用指針などの国の方針において、新規の郊外開発は原則行わないこと、仮に農地や森林などの空間を消滅させる場合は、都市計画事業など収用対象事業に限定し、その場合にも、消滅させた農地、森林など空間を等面積で再生するといったミティゲーションの仕組みをとることなどを明示する。

　また、これらの国の方針を都道府県が決定する「都市計画区域の整備、開発又は保全の方針」さらには「市町村都市計画マスタープラン」に反映させるとともに、開発審査会の審査基準の内規とするよう、地方公共団体に助言する。

　制度的改善点としては、市町村都市計画マスタープラン策定区域内においては、建築行為、開発行為、工作物の設置などの行為に対して届け出を義務づけ、市町村が必要に応じて勧告や変更命令等を行うことができる制度の創設を検討する。

(2) 既存の緑地を保全する制度の堅持

　市街化調整区域、風致地区など既存の緑を保全してきた制度運用においては、(1)の方針に基づき、指定を原則として維持する。また、土地利用制限や協定などで都市緑地を保全する制度は、先に述べたとおり、緑地保全地域、特別緑地保全地区、管理協定、緑地協定、市民緑地など様々な制度があり、これを使いこなしていくことが重要である。

　しかし、現実には、土地利用制限に伴う土地所有者の負担感を緩和するための財源が市町村の公園緑地部局に乏しいため、様々な制度を作っても、これ以上うまく活用できない状況にある。その一方、公物である都市公園につ

● 第1節　政策課題〈初級編〉：緑、景観、歴史文化、環境を守る

いては、立体公園など一部を除いてあまり制度拡充がされていない。

そこで、まず、この公物として緑の保全も可能となる都市公園制度のいっそうの活用を検討する。具体的には、民間が所有している緑地を小規模であっても「借り上げ公園」として一旦市町村が借り上げ、その管理を民間のNPOや地域SPC法人などに一括して委託する。そして、当該借り上げ公園において民間事業者が収益事業を柔軟に実施して収益をあげるとともに、緑地の土地所有者には固定資産前の減免によって貸し出しのインセンティブを図るなど、地権者、当該都市公園を受託する事業者がwin-winになる可能性を追求する。

なお、緑地を保全するために土地所有者の負担感を軽減するための財源についての提案については、Ⅲ2（3）で述べる。

(3) 既存の都市公園の有効活用

都市公園については、既に公園整備が一巡しており、むしろ、住宅市街地に存在する街区公園、近隣公園などは十分な管理がされていないという状況が課題となっている。

この都市公園の維持管理問題を解決するため、都市公園を一括して民間事業者に委託して、そこでの商業活動や福祉活動（高齢者や保育園児の運動など）を柔軟にできるよう運用改善を図ることによって、地方公共団体は公園維持管理費を軽減しつつ、民間事業者が質の高い公園サービスを提供する。

さらに、この民間事業者の取組みがいっそう進むよう、公園施設の範囲についても、公園利用者に利便性のある施設として公民館、子育て施設や社会福祉施設を追加することを検討すべきである。

また、地方公共団体が都市公園の再整備を行う際には、大阪市が受益者である周辺地権者に負担を求める「大阪エリアマネジメント活動促進条例」[2]を制定した例のように、都市計画法第75条に規定されているものの下水道事業以外には現状では徴収されていない都市計画事業に伴う受益者負担金制度が具体に活用されるよう制度拡充を含め検討する。

● 第4章　緑、景観、歴史文化、環境を守る

Ⅱ　市街地環境の保全

1　市街地環境の現状

　市街地環境の悪化の指標として建築紛争の動向をみると、日本建築学会が2008年に建築審査会に実施したアンケート調査結果によれば、特別区、政令指定都市など大都市を中心にして相当数の建築紛争が生じている。その背景の一つには、2003年に施行された道路斜線を緩和する天空率の制限緩和など、建築規制緩和措置の影響があるものと想定される。

■図表43　建築審査会が扱った審査請求件数

自治体区分		平成16年度		平成17年度		平成18年度	
		件数	自治体数（件数が1件以上）	件数	自治体数（件数が1件以上）	件数	自治体数（件数が1件以上）
都道府県	審査請求の件数	55	7	15	5	19	9
	請求取り下げがあった件数	2	1	2	2	2	2
政令市	審査請求の件数	36	20	23	13	45	24
	請求取り下げがあった件数	4	4	6	6	6	6
一般市	審査請求の件数	7	7	10	9	15	11
	請求取り下げがあった件数	4	2	3	3	3	3
特別区	審査請求の件数	20	12	46	16	43	15
	請求取り下げがあった件数	0	0	8	7	1	1
限定	審査請求の件数	0	0	0	0	0	0
	請求取り下げがあった件数	0	0	0	0	0	0
合計	審査請求の件数	118	46	94	43	122	59
	請求取り下げがあった件数	10	7	19	18	12	12

（出典）日本建築学会建築規制の基盤整備小委員会（2007．9～2009．3）報告書「建築規制における不服審査制度等のあり方」による。[3]

● 第1節　政策課題〈初級編〉：緑、景観、歴史文化、環境を守る

　今後の人口減少社会においては、東京都心をはじめとする大都市の都心部など、国の成長拠点として認められる地区を除いて、積極的に高度利用を進める政策的意義は乏しくなると考えられる。特に、大都市周辺部や地方都市で依然として建設が進んでいる超高層の住宅用途の区分所有建物（いわゆる「超高層分譲マンション」）については、将来の住宅需要の減少に伴いエレベーター等の設備の維持管理や大規模修繕の費用負担などの課題が生じる可能性があり、適切な規制誘導が必要である。

2　市街地環境を維持するための運用改善と当面の制度的改善

(1) 絶対高さ制限を内容とする高度地区の活用

　今後、住宅などの高度利用の需要が減少することを踏まえつつ、市街地環境を維持するという観点からは、絶対高さ規制を行う高度地区の導入を進める選択肢が重要と考える。その際、既に存在する分譲マンションの建て替えなどについては、都市計画図書において市町村長の許可により建て替えの際には緩和措置を講じることを規定して、地域の実情に応じた対応ができるように配慮する。

　なお、絶対高さのみで容積率や建ぺい率が緩いままでは、よい市街地環境ができないとの指摘もある[4]。しかし、現実に地方公共団体においては、絶対高さ制限の導入を図りつつ、総合設計などの容積率緩和制度について、より総合的に市街地環境を評価する方向を指向している。[5]

(2) 地区ごとのまちづくり活動の活発化

　地域SPC法人が中心となって、市街地環境を保全するために必要な地区計画や、絶対高さ規制を行う高度地区に関する都市計画の提案を積極的に行えるようにする。

　そのため、地区ごとに地区施設の管理や生活サービスを総合的に提供する地域SPC法人の認証制度とセットで、都市計画提案権限を付与する制度改善

● 第4章　緑、景観、歴史文化、環境を守る

を行う。また、これらのSPC法人に対して、政策金融などによる出融資などを積極的に活用する。

(3) 都市のオープンスペースの制度的位置づけの強化

　札幌市の札幌大通公園など、道路と都市公園を兼用工作物とし、道路上をイベント空間などに積極的に活用する取組みを進める。さらに、札幌市北三条広場条例、札幌駅前通地下広場条例[7)]などのように、都市計画広場として都市計画決定を行い、管理は都市公園法よりも柔軟にするという取組みも地方公共団体の独自の取組みとして始まっている。これらの取組みをいっそう進めるため、都市公園の特例として、都市公園よりも占用許可基準や公園施設の範囲、建坪率制限等が緩和された都市広場を位置づけるための特例措置

■図表44　千葉市の高度地区による絶対高さ制限

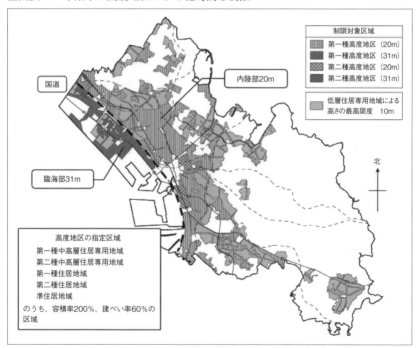

（備考）千葉市資料による。[6)]

● 第1節　政策課題〈初級編〉：緑、景観、歴史文化、環境を守る

を講じる。

(4)「都市計画基金」の設置促進及び「都市計画負担金」制度の創設

　市街地環境の維持改善に当たっては、緑環境の保全と同様に透明性のある枠組みを構築して財源の確保を図る必要がある。

　このため、まず、都市計画税収が、その趣旨に基づき的確に土地区画整理事業又は都市計画事業に充当されるよう、市町村に対して「都市計画基金」の設置を促す。

　また、現状で整備水準が不十分な社会福祉施設や診療所、子育て支援施設なども、都市計画施設に決定し都市計画事業として整備、改修を行い、都市計画税収を充当するよう市町村に働きかける。

　また、制度的改善としては、駐車場法に基づく付置義務駐車場の全部又は一部の整備の代わりとして当該駐車場の整備費分を「都市計画負担金」として支払い、それを「都市計画基金」に積み立てる制度、空地などの公共空間の整備に伴い容積率緩和を行う都市計画特例の適用の際に、当該公共空地の整備費等、客観的な基準に基づき「都市計画負担金」として徴収し、「都市計画基金」に積み立てる制度などを検討する。

　特に、建築基準法に基づく容積率特例については、公開空地などを敷地内で供出することになるため、都市計画上十分な効果を持たない空地がランダムに生じるなどの課題が生じている。

　この「都市計画負担金」制度では、負担金を財源にして敷地よりも広い面的な空間の中で公共空地や都市公園などを整備することになるので、より合理的かつ質の高い市街地環境の維持や改善につながると考える。

　また、この「都市計画基金」において、Ⅰ2（3）に述べた、都市計画事業に伴う「受益者負担金」による収入及びそれを財源とする支出を管理する。さらに、都市計画負担金や都市計画税の税収と都市計画上必要となる費用の支出との時間的ギャップの調整を図るため、国は都市計画基金に対する「無利子貸付制度」などの創設を検討すべきである。

● 第4章　緑、景観、歴史文化、環境を守る

Ⅲ　歴史・景観まちづくり

1　歴史・景観まちづくりの現況

　歴史・景観まちづくりについては、景観法、地域における歴史的風致の維持及び向上に関する法律（以下「歴史まちづくり法」という。）が制定されている。現在はこの制度を活用して、歴史・景観まちづくりを推進している。

　景観法上は、当初から都道府県と政令指定都市及び中核市は景観形成団体として位置づけられているが、その他の市町村は自ら景観法を施行する意志をもって、都道府県と協議して景観形成団体となることが必要である。

　ただし、自らの景観法を施行する意志をもって景観形成団体となる市町村の数は、2005年1月1日に景観法が施行されて以来減少傾向にあり、制度について活用上の課題があることが伺われる。

　また、現状では、景観法等の運用の結果、比較的質の高い景観であって地

■図表45　景観形成団体になる市町村等の年別の数の推移

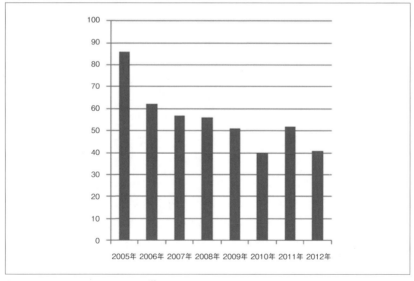

（出典）国土交通省資料より作成[8]

● 第1節　政策課題〈初級編〉：緑、景観、歴史文化、環境を守る

域住民の問題意識が高い地区では、景観や歴史的建築物は保全される傾向にある。しかし、特別の価値があるとは住民からは認識されにくい、比較的普通であるものの相当程度の価値のある歴史的建築物が建て替わってしまう、または、その周囲に周辺住民が予想もしなかった建築物が建ってしまうなど、依然として歴史的な都市景観が失われる事例が生じている。

　農山村の田園景観についても、いわゆる棚田など質の高いものの維持は進んでいるが、市街地景観と同じく、比較的普通のどこにでもありそうだが相当程度の価値のある田園景観の維持が課題となっている。

2　歴史・景観まちづくりのための運用改善と制度的改善

(1) 景観法等の運用による改善

　景観計画を策定することによって、その区域内での開発行為、建築行為、土砂等の堆積などについて景観行政団体（主に市町村）への届出が必要となってくる。景観法運用指針[9]においては「できるだけ景観形成基準を客観的にすることが望ましく、変更命令等の対象となる行為の基準は、少なくとも例示を示す等明示的にすべき」と記載している。

　しかし、実際の景観法の運用においては、地域において望ましい基準を事前に客観的に示すことは困難な場合も多いことから、この運用指針を緩和して、例えば、抽象的な基準に加えて専門家の審査や住民の意見募集など、適正な手続措置を講じることによって、科学的、社会的合理性を担保する運用方法を導入すべきと考える。

　実務感覚からいっても、景観計画の策定段階では想定していない場所で、突如、景観を乱す行為が発生することから、あらかじめ客観的な基準を景観形成団体に要求することは実質的に景観法の効果を減殺する可能性がある。

(2) 景観法等の制度的改善

　景観法第17条に基づく景観計画の変更命令等は、形態意匠に関する事項のみ可能となっている。しかし、建築物の高さなど景観に大きく影響を与える

● 第4章　緑、景観、歴史文化、環境を守る

事項についても変更命令等の対象とするべきと考える。

　また、重要景観建築物の周囲、例えば、フランスと同様に500m以内で景観重要建造物や景観重要樹木が見える場所における建築物の建築行為、工作物の設置行為については、市町村の許可を必要とするなど、重要景観建築物等の周囲の景観の保全を行える仕組みを検討する。なお、景観上重要な緑地についても同様の措置を検討すべきである。

　また、将来的には、現在、文化財保護法に規定されている、建造物や庭園などの緑地を保全する仕組みや地区を指定して文化的景観を守る仕組み（伝統的建造物群保存地区や重要文化的景観）などは景観法に一本化し、現状変更等の届出など諸手続も文化庁長官でなく、市町村が一体的に処理することも検討すべきである。

(3) 景観及び歴史まちづくりのための財源の確保

　景観行政や歴史的建築物の保全のために地方公共団体が最も苦しんでいるのが、その財源手当の問題である。国土交通省も以前は景観まちづくりのための補助金が存在していたが、近年廃止され、今後も国からの補助制度に頼ることは困難と思われる。

　このため、市街地環境の課題と同じく、景観や歴史まちづくりについても、市町村による財源の確保が重要である。特に、歴史的建築物や景観重要建造物の保存のための指定、さらに景観地区の決定など面的な景観の維持のためには、土地等の所有者の自主的な協力のみに期待していては、各種の制限がかかる指定制度等を所有者が避ける可能性が高い。特に、それらの土地等の所有者が相続や売買などで移転した場合には、貴重な景観上の資源が喪失する可能性が高い。

　このため、Ⅱ2（4）の市街地環境の保全のための財源で述べたとおり、「都市計画基金」を設定して都市計画税収や様々な「都市計画負担金」「受益者負担金」、さらに国からの「無利子貸付金」などを財源にして基金造成を市町村ごとに行う。

　その基金の財源を使って景観法に基づく景観重要建造物の指定や景観地区等の決定、歴史まちづくり法に基づく歴史的風致形成建造物の指定、歴史的

●第1節　政策課題〈初級編〉：緑、景観、歴史文化、環境を守る

風致維持向上地区計画等の決定に当たって、当該利用の制約に伴う助成金を一時金又は分割して支払い、所有者の負担感の軽減と景観重要建造物等への指定促進を図るべきである。

なお、一定の公共施設整備がされた地域で容積率移転が認められる「特例容積率適用地区」は、当初は「特定容積率適用区域」という名称で商業地域だけが対象地域であったが、現在では、第一種低層住居専用地域、第二種低層住居専用地域及び工業専用地域以外の用途地域で活用ができることとされている。

この制度は、住宅市街地の中に遠くの空き地から容積率が移転されて高容積の建物が建つという点で市街地環境上の課題がある。このため、最低限、容積率を移転する元の建築物や土地について、景観重要建築物や都市緑地など、景観や歴史まちづくりに有益なものに限定して適用する方向で制度の再検討が必要と考える[10]。

Ⅳ　エネルギー・低炭素問題

1　エネルギー・低炭素問題

部門別の最終エネルギー消費は全体としては減少傾向にある。企業、事業所部門が最も大きく減少しており、特に、製造業、農林水産業・建設業が減少している。その一方、第三次産業は増加ないし横ばい傾向である（図表46）。

また、2011年の東日本大震災以降、原子力発電所の稼働が停止したため、二酸化炭素の排出量はこれまでの低下傾向から一転して増加傾向にある。このなかでも、特に業務等のCO_2排出量が増加傾向なのは注意が必要である（図表47）。

今後のエネルギー問題への対応の必要性を考えると、まず、製造業については電力、労働力などの国内生産コストの上昇から、長期的にみれば工場の海外移転が進むと思われ、トータルとしてのエネルギー消費は自然体でも減少が続くと考える。これに対して、各企業の本社機能（事務中枢機能）やサー

● 第4章　緑、景観、歴史文化、環境を守る

■図表46　部門別最終エネルギー消費の推移

(単位：10^{10} ^{15}J [PJ]、%)

年度		1990	2005	2006	2007	2008	2009	2010	2011	2012	2013
最終エネルギー消費		13,540	15,671	15,693	15,446	14,359	14,089	14,698	14,300	14,126	13,984
	[前年度比]		(▲0.4)	(+0.1)	(▲1.6)	(▲7.0)	(▲1.9)	(+4.3)	(▲2.7)	(▲1.2)	(▲1.0)
	[2005年度比]	(▲13.6)	(0.0)	(+0.1)	(▲1.4)	(▲8.4)	(▲10.1)	(▲6.2)	(▲8.7)	(▲9.9)	(▲10.8)
企業・事業所他部門		8,809	9,930	10,095	9,840	8,956	8,757	9,239	8,978	8,746	8,737
	[前年度比]		(▲0.7)	(+1.7)	(▲2.5)	(▲9.0)	(▲2.2)	(+5.5)	(▲2.8)	(▲2.6)	(▲0.1)
	[2005年度比]	(▲11.3)	(0.0)	(+1.7)	(▲0.9)	(▲9.8)	(▲11.8)	(▲7.0)	(▲9.6)	(▲11.9)	(▲12.0)
	[シェア]	(65.1)	(63.4)	(64.3)	(63.7)	(62.4)	(62.2)	(62.9)	(62.8)	(61.9)	(62.5)
製造業		6,350	6,617	6,877	6,798	6,052	5,901	6,381	6,241	6,074	5,929
	[前年度比]		(▲1.2)	(+3.9)	(▲1.2)	(▲11.0)	(▲2.5)	(+8.1)	(▲2.2)	(▲2.7)	(▲2.4)
	[2005年度比]	(▲4.0)	(0.0)	(+3.9)	(+2.7)	(▲8.5)	(▲10.8)	(▲3.6)	(▲5.7)	(▲8.2)	(▲10.4)
	[シェア]	(46.9)	(42.2)	(43.8)	(44.0)	(42.1)	(41.9)	(43.4)	(43.6)	(43.0)	(42.4)
農林水産鉱建設業		670	345	340	341	286	287	302	286	306	281
	[前年度比]		(▲9.5)	(▲1.4)	(+0.3)	(▲16.0)	(+0.2)	(+5.2)	(▲5.3)	(+6.9)	(▲8.1)
	[2005年度比]	(+94.2)	(0.0)	(▲1.4)	(▲1.2)	(▲17.1)	(▲16.9)	(▲12.6)	(▲17.2)	(▲11.4)	(▲18.6)
	[シェア]	(4.9)	(2.2)	(2.2)	(2.2)	(2.0)	(2.0)	(2.1)	(2.0)	(2.2)	(2.0)
業務他(第三次産業)		1,789	2,967	2,878	2,702	2,618	2,569	2,556	2,451	2,367	2,527
	[前年度比]		(+1.6)	(▲3.0)	(▲6.1)	(▲3.1)	(▲1.9)	(▲0.5)	(▲4.1)	(▲3.4)	(+6.8)
	[2005年度比]	(▲39.7)	(0.0)	(▲3.0)	(▲8.9)	(▲11.8)	(▲13.4)	(▲13.8)	(▲17.4)	(▲20.2)	(▲14.8)
	[シェア]	(13.2)	(18.9)	(18.3)	(17.5)	(18.2)	(18.2)	(17.4)	(17.1)	(16.8)	(18.1)
家庭部門		1,683	2,205	2,128	2,157	2,079	2,057	2,174	2,082	2,065	2,012
	[前年度比]		(+4.0)	(▲3.5)	(+1.4)	(▲3.6)	(▲1.0)	(+5.7)	(▲4.2)	(▲0.8)	(▲2.6)
	[2005年度比]	(▲23.7)	(0.0)	(▲3.5)	(▲2.2)	(▲5.7)	(▲6.7)	(▲1.4)	(▲5.6)	(▲6.3)	(▲8.7)
	[シェア]	(12.4)	(14.1)	(13.6)	(14.0)	(14.5)	(14.6)	(14.8)	(14.6)	(14.6)	(14.4)
運輸部門		3,048	3,536	3,470	3,448	3,324	3,275	3,285	3,240	3,314	3,235
	[前年度比]		(▲2.4)	(▲1.9)	(▲0.6)	(▲3.6)	(▲1.5)	(+0.3)	(▲1.4)	(+2.3)	(▲2.4)
	[2005年度比]	(▲13.8)	(0.0)	(▲1.9)	(▲2.5)	(▲6.0)	(▲7.4)	(▲7.1)	(▲8.4)	(▲6.3)	(▲8.5)
	[シェア]	(22.5)	(22.6)	(22.1)	(22.3)	(23.1)	(23.2)	(22.4)	(22.7)	(23.5)	(23.1)
旅客部門		1,549	2,118	2,066	2,055	1,986	2,007	2,005	1,982	2,043	1,976
	[前年度比]		(▲3.1)	(▲2.5)	(▲0.5)	(▲3.4)	(+1.0)	(▲0.1)	(▲1.1)	(+3.0)	(▲3.3)
	[2005年度比]	(▲26.9)	(0.0)	(▲2.5)	(▲3.0)	(▲6.2)	(▲5.3)	(▲5.3)	(▲6.4)	(▲3.6)	(▲6.7)
	[シェア]	(11.4)	(13.5)	(13.2)	(13.3)	(13.8)	(14.2)	(13.6)	(13.9)	(14.5)	(14.1)
貨物部門		1,499	1,418	1,404	1,393	1,338	1,268	1,280	1,258	1,271	1,259
	[前年度比]		(▲1.2)	(▲1.0)	(▲0.8)	(▲4.0)	(▲5.2)	(+0.9)	(▲1.7)	(+1.1)	(▲1.0)
	[2005年度比]	(+5.7)	(0.0)	(▲1.0)	(▲1.8)	(▲5.7)	(▲10.6)	(▲9.7)	(▲11.3)	(▲10.3)	(▲11.2)
	[シェア]	(11.1)	(9.0)	(8.9)	(9.0)	(9.3)	(9.0)	(8.7)	(8.8)	(9.0)	(9.0)

（注1）「前年度比」及び「2005年度比」は増減率（%）。
（注2）各部門の最終エネルギー消費には非エネルギー用途消費を含む。
（出典）資源エネルギー庁資料[11]

ビス業、商業などは東京都心などの成長拠点が発展していくためには不可欠な機能であり、この部門のエネルギー消費を効率的かつ低炭素に誘導していくことが政策的に重要となる。

　また、災害の多発する日本で国際競争拠点の立地誘導を進めるという観点から、行政・業務中枢拠点において自立的なエネルギーシステムを導入することは、都市計画上重要な課題である。

　家庭部門については、生活環境を維持しつつエネルギー消費を引き続き抑制していく観点から、住宅単体としての効率化だけでなく、住宅地や開発地

● 第1節　政策課題〈初級編〉：緑、景観、歴史文化、環境を守る

■図表47　エネルギー起源CO_2排出量の推移

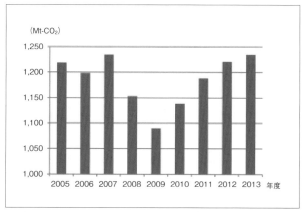

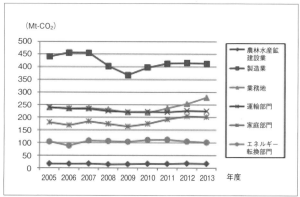

（出典）資源エネルギー庁資料[11]

区といった空間としての効率性、自立性の確保のために、都市計画としても対策を講じていく必要がある。

　運輸部門については、貨物については減少傾向にあるが、これは製造工場の海外移転などに伴い物資流動自体が減少していることが影響しており、これも、製造業と同様に自然体でも減少が続くと考える。

　旅客については、自動車からエネルギー効率的な公共交通へという都市構造の変化によりマクロで効果が出るには時間がかかる一方で、自動車自体の燃費の向上のテンポが著しいことから、当面、都市計画の課題としては取り

● 第4章　緑、景観、歴史文化、環境を守る

扱う必要はないと考える。

2 │ エネルギー・低炭素問題のための運用改善と制度的改善

(1) 都市計画としてエネルギー問題、低炭素問題を進める枠組み

　「都市の低炭素化の促進に関する法律」は2012（平成24）年度に制定され、集約都市開発事業のほか、低炭素建築物の容積率の特例などを設けている。さらに、2014（平成26）年度には、都市再生特別措置法の改正によって、エネルギー効率化の視点も含んだ立地適正化計画制度が都市再生特別措置法に追加されている。

　このように、都市の集約やエネルギー効率という観点から二つの制度が2年連続して創設された。これについては、制度のわかりやすさと支援措置の重複の整理の観点から「都市の低炭素化の促進に関する法律」の低炭素まちづくり計画と都市再生安全確保計画、都市再生整備計画、立地適正化計画とを統合して「持続可能・自立型都市再生計画」（仮称）として再整理すべきと考える。[12]

　なお、建築物単体のエネルギー効率を向上する取組みは、平成27年に成立した「建築物のエネルギー消費性能の向上に関する法律」に基づき、できるだけエネルギーを節約できるオフィス、商業施設、住宅などの建築、改修の促進を図るべきである。

(2) 大都市におけるエネルギー自立システム導入の促進

　東京都心等の大都市都心は、業務系のエネルギーの巨大消費地であるとともに、防災上の観点から、巨大災害の際にも自立的に電気や熱エネルギーを供給するシステムを整備する必要がある。東日本大震災以降、外資系企業は自立的な発電・熱エネルギーシステムが整備されたオフィスビルに移転したとの指摘もある。[13]

　都市計画上も、東京都心など大都市都心は、イノベーションを実現するた

● 第1節　政策課題〈初級編〉：緑、景観、歴史文化、環境を守る

め外資系企業も含め様々な企業立地が行われる必要があり、少なくとも、市街地再開発事業や大規模な民間都市開発事業においては、エネルギー効率がよく低炭素な発電システムである、コジェネレーションシステムの導入を促進する必要がある。

　具体的には、特定都市再生緊急整備地域の整備計画においては下水道の取水の特例の規定が存在するが、同様にコジェネレーション事業を実施する際に必要となる特定電気事業者、熱供給事業者に対する経済産業大臣の許可の特例、さらには、2015年の下水道法改正で措置された熱交換器の設置を簡易に認める特例などを追加的に講じるべきと考える。

　この民間都市開発事業に伴うコジェネレーションシステムの導入については、災害時には余剰電力を周辺に供給する能力を保持するため、政策金融による支援、容積率の特例などの措置を講じることも必要である。

(3) 行政中枢機能におけるエネルギー自立システムの導入

　東日本大震災では、仙台市役所が長時間にわたり停電した。今後、首都直下地震などによって東京都心にある行政中枢機能などの電力系統が停電になった場合には、現在の重油備蓄による自家発電システムでは、最低限の電源が、限定された時間しか確保されず、危機管理体制に影響が出るおそれがある。これは、行政だけでなく最高裁判所や国会でも同様の問題を抱えている。

　幸いなことに三権の中枢部門は霞ヶ関周辺に集中していることから、既に技術が確立されているコジェネレーションシステムを早急に導入して、平時は系統電力と併行して稼働しつつ、巨大災害発生時には霞ヶ関の周辺のオフィスやホテルにも電力を供給して帰宅困難者を支援するなど、エネルギー基盤の強化を図ることが適切である。

　なお、同様の措置は、大阪都心、名古屋都心などブロック中枢都市の都心部の行政中枢機能においても同様に整備が必要と考える。

● 第4章　緑、景観、歴史文化、環境を守る

(4) 大都市郊外部、地方都市における自立的なエネルギーシステムの導入

(1) で述べた「持続可能・自立型都市再生計画」の中には、大都市郊外部地方都市向けに小水力発電、バイオマス発電、下水道の排水利用、熱交換器の設置などを起債した場合に、計画策定に伴う事前協議措置とセットで関連する手続の特例が講じられるよう、必要な措置を講じるべきと考える。

また、自立・分散的な地域SPC法人がエネルギー事業を経営し、現在、地域が系統電力会社やガス会社に支払っている料金を収受し、地域経済循環に回していくことは、エネルギーの自立のみならず地域の総合的な生活サービス産業の自立にも不可欠な要素であり、この観点からも制度改善が期待される。

このエネルギーシステムの整備については、様々な補助制度や固定料金買い取り制度もあるが、持続可能なシステムにするためには（すなわち、継続的に黒字が計上できるよう当初から過大な初期投資をしないためには）、政策金融機関などファナンスの支援を同時に行って、経営のガバナンスを効かせていくことが重要である。

3　まとめ

緑環境や市街地環境という観点は、1919年制定の旧都市計画法から住宅用途と工業用途の分離の発想があること、現行の都市計画法及び建築基準法において住宅などの建築物相互の相隣関係に伴う外部不経済を抑制するといった観点から、斜線制限などの土地利用規制が設けられていることなど、都市計画制度の中心テーマとなってきた。

近年は、景観や歴史まちづくりという観点からも法制度は充実してきている。

しかし、緑環境や市街地環境、景観などについて引き続き課題が残っている現在、再度、1919年の旧都市計画法制定時に当時の内務省の先輩方が大蔵省と徹底的に議論して、土地増価税など様々な財源措置の提案が退けられる

● 第1節　政策課題〈初級編〉：緑、景観、歴史文化、環境を守る

なかで、かろうじてできた「受益者負担金」制度が創設された歴史をもう一度思い出す必要がある。都市計画の政策目的を実現するためには、単に土地利用規制などの制度を詳細化、精緻化するだけでなく、財源制度をもう一度政策立案の俎上に載せるべきと考える。

今回、筆者が提案した「都市計画基金」「都市計画負担金」「受益者負担金」などを踏まえ、都市計画を実現するうえでの財源制度について、政策担当者において議論を深めるべきである。また、エネルギー問題は、いわば国全体としてその根本的な対策が求められており、都市計画の制度としてもできる限りの対応を検討することを期待する。

■注
1) http://www.mlit.go.jp/crd/park/joho/database/t_kouen/pdf/01_h25.pdf
2) http://www.city.osaka.lg.jp/toshikeikaku/page/0000263876.html
3) http://www.aij.or.jp/jpn/databox/2009/20090422-1.pdf
4) 水島信『完　ドイツ流まちづくり読本』(鹿島出版会、2015年）では、絶対高さ制限について疑問を呈している。
5) 東京都が、社会資本整備審議会に提出した資料においては、東京都は総合設計の運用改善として、絶対高さ導入に伴い、タワー型を誘導しない制度案を要望している。
http://www.mlit.go.jp/common/000036501.pdf
6) http://www.city.chiba.jp/toshi/toshi/keikaku/documents/takasa_henkou_h25.pdf
7) http://www.city.sapporo.jp/ncms/reiki/d 1 w_reiki/425901010038000000MH/425901010038000000MH/425901010038000000MH.html
http://www.city.sapporo.jp/ncms/reiki/d 1 w_reiki/422901010025000000MH/422901010025000000MH/422901010025000000MH.html
8) http://www.mlit.go.jp/toshi/townscape/toshi_townscape_tk_000025.html
9) http://www.mlit.go.jp/crd/townscape/keikan/pdf/keikan-shishin02.pdf
10) 歴史的建築物や市街地内の緑地を保全するための財源としてそれらの土地に係る容積率の移転を認める制度については、大都市のように容積率を利用したい民間事業者が常に存在する都市以外の地方都市では、歴史的建築物等への制限に併せて適切にその補償的な金銭支払いができないこと、容積率を受ける土地の周辺環境とのチェックが個別に必要となること、空間地上権を譲渡した場合の課税関係が発生することなど、実際の運用には課題がある。当面、容積率特例を使う場合に民間事業者等から負担金を収受するなど都市計画財源を都市計画基金として積み立て、随時、歴史的建築物等の所有者等へ助成などを行うという、市町村行政が関与する仕組みを導入することが望ましいと考える。

● 第4章　緑、景観、歴史文化、環境を守る

11）http://www.enecho.meti.go.jp/statistics/total_energy/pdf/stte_018.pdf
12）http://www.minto.or.jp/print/urbanstudy/pdf/u60_05.pdf
13）以下のURL参照。http://president.jp/articles/-/10326

■参考文献
1）「新都市」平成27年5月号（都市計画協会）
2）『都市公園法解説（改訂新版)』（一般財団法人日本公園緑地協会、2014年）
3）小野寺康『広場のデザイン』（彰国社、2014年）
4）日本建築学会『成熟社会における開発・建築規制のあり方』（技報堂出版、2013年）
5）日本建築学会『スマートシティ時代のサステイナブル都市・建築のデザイン』（彰国社、2014年）
6）下田吉之『都市のエネルギーシステム入門』（学芸出版社、2014年）
7）和田幸信『フランスの景観を読む』（鹿島出版社、2007年）
8）後藤治ほか『都市の記憶を失う前に』（白揚社、2008年）
9）石田頼房『日本都市計画の百年』（自治体研究社、1987年）

第2節
政策課題〈応用編〉
立地適正化計画制度の上手な使い方

　都市構造のコンパクト化というのは、都市全体の無秩序な拡大を抑え、さらに、人口の縮小に併せて、都市構造の縮退を目指すものであり、都市全体の環境改善に資するものである。2014年には都市再生特別措置法と都市計画法が改正され、都市構造のコンパクト化を実現する手法として立地適正化計画の制度が創設された。

　本項では、立地適正化計画について、やや制度創設者の立場を離れ、課題とその上手な使い方について整理する。なお、前提とした資料は『コンパクトシティ実現のための都市計画制度』（都市計画法制研究会編著、ぎょうせい発行。以下「解説本」という。）である。

1 立地適正化計画の概要

ア　立地適正化計画の目的は、解説本では「高齢者や子育て世代にとって安心できる、健康で快適な生活環境の実現」「財政面及び経済面において持続可能な都市経営の確保」「環境・エネルギー負荷の低減」「自然災害の事前予防の推進」の四つの理由があげられている。

イ　具体的な区域の定め方は、都市計画区域全体を立地適正化区域として定め、市街化区域の内側に居住誘導区域、さらにその内側に都市機能誘導区域を定めることとする。区域設定の前提としては、社会保障・人口問題研究所の人口推計を採用すべきとされている。居住誘導区域の外側の市街化区域には届出勧告制を敷く。

ウ　駐車場配置適正化区域、跡地管理区域は任意設定である。

● 第4章　緑、景観、歴史文化、環境を守る

■図表48　立地適正化計画のイメージ

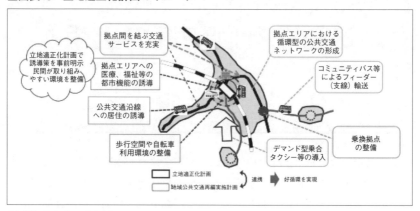

(出典) 国土交通省資料

エ　市街化区域と居住誘導区域の間に居住調整地域を定めることができ、この地域内では、3戸以上の住宅建設目的の開発行為などが開発許可の対象となる。

オ　居住調整地域は都市計画の一部であるが、その他の区域は市町村マスタープランに「みなされる」ものであり、都市計画ではない。

カ　都市機能誘導区域内の誘導施設には事業用資産の買い換え特例と一般財団法人民間都市開発推進機構の融資等の上乗せがある（図表48）。

2 │ 立地適正化計画の課題——政策目的の実現可能性と各種の区域とり

ア　解説本で頻繁にでてくる「コンパクトな都市構造」「コンパクトシティ」については、何を基準に判断するのかは不明である。解説本では、現状を「じわじわと郊外化」(p.6) と記述して、DID面積のデータを載せているので、DID面積が減ること又はDID人口密度が上がることがコンパクト化なのかもしれない。しかし、いずれにしても不明確である。また、どの程度の期間をもってコンパクトシティを実現しようとしているのかも不明確で

● 第2節　政策課題〈応用編〉：立地適正化計画制度の上手な使い方

ある。このため、市町村が具体的にどのような都市像をイメージして居住誘導区域や都市機能誘導区域を設定したらいいのか、どのような区域とりをしたらいいのか、判断するのが難しいと想像する。

イ　1に述べたとおり、立地適正化計画の目的は四つ掲げられているが、仮にDID面積が減るという指標が実現したとして、これによって、その政策目的が実現するかどうかについて、具体的検証やその根拠となる文献や論文などがなにも明示されていないのは制度の説得力を欠く。また、そもそも四つの目的が同時に一つの都市構造で実現するかどうか、相互に矛盾する場合がないかについても検証されていないようである。

ウ　例えば「高齢者や子育て世代にとって安心できる健康で快適な生活環境の維持」という観点からは、厚生労働省の推進している「地域包括ケア」との連携が当然前提になる。この場合には、どのくらいの居住密度であれば地域包括ケアが自立的に運営できるかが問題となる。

　常識的に考えれば、居住誘導区域が対象としている市街化区域、あるいは、現在のDIDの区域のような1ha当たり40人程度の人口密度であれば、地域包括ケアの医療、介護、福祉サービスは成立するので、あまり問題ではない。むしろ、その外側の市街化調整区域又は都市計画区域外の農山村集落のような低密度で高齢者が散在している地域をどうするかが大きな課題だと思う[1]。

エ　「財政面及び経済面において持続可能な都市経営」という観点からは、第一にインフラの維持管理の問題を考えてみる。インフラの維持管理で市町村の財政上一番コストがかかっているのは、道路橋梁である。特に行政区域の縁辺部の消滅しそうな集落につながる橋梁が維持できるか、維持するときの掛け替え費用をどうするかが課題になっていると聞いているが、居住誘導区域が設定される市街化区域内の橋梁について、現時点で管理を撤退するという計画は管見ながら聞いたことがない。その意味で、居住誘導区域の設定とインフラの維持管理コストの軽減との関係は不明である。

　第二に、依然として整備及び維持管理に膨大な費用のかかっている下水道について考える。ほとんどの市町村では、市街化区域の外側まで公共下水道事業を実施しているが、これらの処理区域の考え方と市街化区域の内

● 第4章　緑、景観、歴史文化、環境を守る

　側に居住誘導区域をつくるという発想とが、財政持続性という観点からは矛盾する可能性がある。

オ　また、都市計画税は市街化区域の全域、さらに市街化区域の外の公共下水道の処理区域まで、場合によっては都市計画区域全域で徴収しているが[2]、都市計画税の徴収区域と今回の居住誘導区域との整合性をとるのは困難と考えられる。

カ　「財政面及び経済面において持続可能な都市経営」は、言葉の意味もよくわからないし、DID面積が縮小することがそのまま地域経済の持続可能性につながるという理路はよくわからない[3]。

キ　「環境・エネルギー負荷の低減」という政策目的も曖昧だが、エネルギー効率という観点では、高層化は縦移動へのエネルギー消費を増やすので、一概にDID人口密度をあげて高層マンションに居住誘導することがエネルギー効率化に資するとは限らない。もっと緻密な議論がいるし、一概にDID面積を小さくしたら環境・エネルギー負荷が小さくなるとはいえないというのが、学識経験者の基本的認識だろう[4][5]。なお、DID面積の縮小に伴って公共交通利用が増え、それが環境・エネルギー負荷の軽減につながるかどうかも、鉄軌道や路線バスの地方都市での採算性の低さを考えると単純に肯定はできないと考える。

ク　「自然災害に対する事前予防」という政策目的は、運用指針には記述がなく、解説本でのみに記述があるが、なぜ、コンパクト化、DID面積の縮小によって、自然災害に対する事前予防につながるかは不明である。市街化区域の中にも崖など自然災害に弱い箇所はたくさんあるし、DID面積が減って密集して居住することによって災害脆弱性が増す場合もあり、一概にはいえないと思う。

　解説本p.11で書かれている「古くからある集落や市街地の多くは、先人の知恵と経験に裏打ちされた、自然災害の危険性が低いエリアであることが知られている」という記述については、平成26年の広島の土砂災害の被災地も古くからある集落であり、古くからある集落は水の管理などの観点から山筋、沢筋に多く存在しているが、何度も災害にあいながらも水の管理をしてきた歴史がある[6]。古い集落が安全なら、農山村の集落でこれだ

● 第2節　政策課題〈応用編〉：立地適正化計画制度の上手な使い方

け毎年土砂災害が起こるはずがないので、この政策目的の論証は難しいと考える。

3 　都市計画制度運用者が前提とすべき都市・地域像

ア　まず、都市計画区域にとらわれず、市町村の行政区域全体で将来像を考える必要がある。

イ　20〜30年後の都市・地域像を考える上では、当該市町村の人口が社会保障・人口問題研究所の人口推計で示されている人口と同じくらいの人口だった時点まで歴史を遡って、都市像、地域像を考えることが望ましい。具体的には、大部分の都市で昭和30〜40年頃の高度成長期前の姿を想像するのが適切と考える。

ウ　昭和30〜40年頃、大部分の都市では周辺部では集落が散在しつつ、鉄道駅のまわりには住宅など建築物がまとまっているという状況の都市・地域像だった。それに向かって、現在の都市・地域像が変化していくと想定すると、周辺部での高齢化した集落から空き家が増えていき、さらに、市街化区域でも昭和30年代以降に拡大した市街地では空き家が増えていく。その結果として、30年後には大抵の市町村は駅のまわりにある程度住宅がまとまっていて、あとは農地と集落が散在している状態の都市・地域構造を想定するのが自然だと思う。

エ　結果として、いわゆるコンパクトシティのイメージとかなり近い都市・地域構造となる市町村が多いと思う。しかし、このような都市・地域構造の変化には相当の時間（30年以上）がかかり、その間、農山村や市街地縁辺部では少しずつ空き家が増えていって密度が下がっていく。都市政策は、そのプロセスで市民、住民の生活環境を維持するために、相当長期間にわたって福祉政策、交通政策と連携して政策を実施していく必要がある。

オ　このように、現実と将来像をきちんと見据えて一つひとつの問題に都市の総合的な政策で対応していくという地道な発想と整合性のとれる形で、コンパクトシティ構想、立地適正化計画の制度運用を行う必要がある。

● 第4章　緑、景観、歴史文化、環境を守る

4　現実に即した運用のアイディア

ア　全市の行政区域を対象にして、20～30年後の都市像、地域像を想定し、まだ都市計画区域内にしか市町村マスタープランがかかっていない市町村は、市町村マスタープランを行政区域全域にかける。

イ　この際、市街地を縮小するような強力な手法は存在しないことから、「これ以上、住宅立地のスプロールをさせない」という、身の丈に合った目標を設定する。

ウ　市町村の行政区域全体の開発行為、建築行為を把握し、これ以上の拡散を抑制するため、景観法の景観計画を市町村全域を対象に策定して、市町村全域に届出勧告制度を敷く[7]。

エ　居住誘導区域、都市機能誘導区域は、市町村マスタープランの位置づけであり都市計画ではないという事実を市民に明確にする。届出勧告については、後述の市町村独自のゾーンも含めて運用し、地権者に負担のないように運用する。法定の制度の区域どりが難しければ、市町村独自の居住環境維持ゾーンとか、工業機能誘導ゾーンなど、独自の運用のゾーンを設定する。それによって、都市計画税をとっている地域全体をカバーすることも検討する（このような対応は、都市計画税を徴収する建前との均衡からも必要）。

オ　地域包括ケア、特に介護、医療については、中学校区ごとに現在の施設立地と高齢化の動向を分析して、校区単位でのカルテをつくり[8]、都市機能誘導区域や市町村独自の高齢者環境整備ゾーンなどを設定する。

カ　インフラ、特に道路の維持管理の問題については、市町村道路管理部局の橋梁の掛け替え計画、撤退計画を把握した上で、農山村集落での新規立地、新規転入者による立地を抑制する。

キ　駅前の分譲マンションの入居者は、郊外団地から移転する場合、郊外団地に空き家を残すケースが多い[9]。このため、駅前に分譲マンションを単純に誘導するだけでは市街地縁辺部の空き家問題を深刻化させる可能性もある。また、地方都市で将来人口減少が見込まれる場合、建物区分所有で空き室が発生した分譲マンションは将来的に郊外の空き家よりも維持管理

● 第2節　政策課題〈応用編〉：立地適正化計画制度の上手な使い方

や転用などの問題が深刻になるので、都市計画制度運用者は慎重に誘導規模を考える必要がある。さらに、将来、空き室が増えてきた区分所有建物では、除却して土地代を配分するしか実質的な手法がないことを考えると、一戸当たりの土地代がわずかとなる高層の分譲マンションは20～30年後に負の遺産になる可能性がある。そのようなことも考え、周辺環境との調和も考えて、必要に応じて絶対高さ制限を都市計画で導入することの検討も必要である[10]。

ク　市街化調整区域では、地区計画や開発条例で開発を緩和している市町村も存在するが、その場合には、これまでの制度設計と運用の整合性をとるため、開発を誘導する地区については、集落住宅誘導ゾーンといった市町村独自のゾーン設定が必要となると考える。

ケ　中枢的な機能を有する公立病院は郊外立地が目立つが、ベッド床の確保とそれに伴う駐車場の規模の確保など、病院側が大規模な敷地を求める事情があり、これを無理にまちなかにとどめることが実際には困難なケースが多い[11]。この場合には、都市施設として公立病院を都市計画決定して、事業認可をとる対応が望ましい。これによって、現在、道路や下水道などの都市計画事業が一段落して、都市計画税収が通常の都市計画事業の支出に比較して単年度で余剰が生じている市町村（図表40参照）では、都市計画税収を公立病院の整備にあてることも可能となる。

コ　また、大都市圏の周辺などで、高速道路のインター周辺に物流施設の立地が相当急激に進んでいるが、物流施設をまちなかに整備することはむしろ望ましくないので、高速道路インター周辺に物流施設誘導ゾーンを設定することも考えられる。

サ　農山村地域の集落においては、高齢者の買い物や医療・介護の足の確保が課題となる。この場合、これらの地域について高齢者生活環境確保ゾーンと位置づけて、通常のコミュニティバスやデマンドバスに加えて、近年、規制緩和によって市町村登録で認められる「過疎地有償運送」「福祉有償運送」などの取組みとセットで対応策を検討することが必要である[12]。

シ　以上のように、法律に基づく立地適正化計画に加えて、地域の現状に即

●第4章　緑、景観、歴史文化、環境を守る

した市町村マスタープラン上のゾーニングや政策を定めることは、都市計画法上の市町村の事務が自治事務であることから当然許容されることである。また、この制度ができた時の参議院の附帯決議でも、「過疎地域や離島地域における多自然居住、安定定住ゾーン」「小さな拠点」「居住誘導区域以外の区域の住民の生活環境への十分な配慮」などが指摘されていることも、その正当性を裏づけることになる[13]。

5　まとめ

　立地適正化計画制度を導入に当たっては、市町村ではこれを契機に市町村全域の都市像・地域像を想定して、次世代につけをまわさないための土地利用計画、交通計画、福祉施設計画など総合的な政策を検討し、都市計画部局が庁内のイニシアティブをとって検討を進めることを期待する。
　なお、以下、参考として、今後、国土交通省都市局において立地適正化計画制度を改正する場合の論点を追記しておく。

■参考　立地適正化計画制度見直しの論点

(1) 居住誘導区域、都市機能誘導区域は、都市計画上の市街化区域に限定せずに、都市再生整備計画区域と同様に、融資等の支援措置を講じる区域として位置づける（よって、対象地域は市街化区域に限定されない。）。
(2) 居住誘導区域以外の区域においては、土地の改変、区画形質の変更、工作物の設置、建築物の建築等に当たって市町村に対する届出勧告制度をひく。その際の勧告等の判断基準として市町村マスタープランを位置づける。
(3) 跡地等管理協定は、居住誘導区域以外の区域全域で適用を可能とする。
(4) 駐車場配置適正化計画における集約駐車施設の特例は、駐車場法に基づく一般制度とする。

■注
1) 厚生労働省の資料によると、地域包括ケアは中学校単位としているが、具体的な地域イメージや必要な居住人口密度といった指標は存在しない。
2) 飯田直彦「基盤施設の経営からみた都市周辺部の土地利用計画」（川上光彦ほか『人口減少時代における土地利用計画』学芸出版社、2010年）参照。
3) 地方再生政策、地方創生政策については拙稿参照。

● 第2節　政策課題〈応用編〉：立地適正化計画制度の上手な使い方

　　http://www.minto.or.jp/print/urbanstudy/pdf/research_01.pdf
　　http://www.minto.or.jp/print/urbanstudy/pdf/research_06.pdf
4) 玉川英則ほか『コンパクトシティ再考』（学芸出版社、2008年）p.91では、コンパクトシティでは、建物密度が上がり、単位面積当たりの冷房暖房が大きく、風も通りにくいため、ヒートアイランド現象を起こすことを指摘している。
5) コンパクトシティでエネルギー効率を上げる手法として、地域冷暖房が事例によくあがるが、下田吉之『都市エネルギーシステム入門』（学芸出版社、2014年）p.154では、建物個別の熱源システムのダウンサイジングによって、地域冷暖房のメリットが失われる可能性を指摘している。
6) 埼玉大学の谷先生の今昔マップ参照。
　　http://ktgis.net/kjmapw/
7) 小浦久子「景観計画による都市周辺部における土地利用管理の総合化」（川上光彦ほか『人口減少時代における土地利用計画』（学芸出版社、2010年））参照。
8) 明治大学園田真理子先生のアドバイスによる。
9) 北原啓司「地方都市における街なか居住の実態と政策課題について」（都市住宅学会、2006年）、北原啓司「コンパクトシティにおける郊外居住の持続可能性とは」（住宅研究総合財団招待講演、2011年）
10) 高さ制限に伴う既存不適格の上手な取り扱い事例については、大澤昭彦『高さ制限とまちづくり』（学芸出版社、2014年）参照。
11) 東洋大学岡本和彦先生のアドバイスによる。
12) 拙稿参照。
　　http://shoji1217.blog52.fc2.com/blog-entry-3030.html
13) 都市再生特別措置法等の一部を改正する法律案の参議院附帯決議。
　　http://www.sangiin.go.jp/japanese/gianjoho/ketsugi/186/f072_051301.pdf

■参考文献
1) 『コンパクトシティ実現のための都市計画制度』（ぎょうせい、2014年）
2) 海道清信『コンパクトシティの計画とデザイン』（学芸出版社、2007年）
3) 玉川英則編著『コンパクトシティ再考』（学芸出版社、2008年）
4) トマス・ジーバーツ『都市田園計画の展望』（学芸出版社、2006年）
5) 川上光彦ほか『人口減少時代における土地利用計画』（学芸出版社、2010年）
6) 下田吉之『都市エネルギーシステム入門』（学芸出版社、2014年）
7) 大野秀敏ほか『シュリンキング・ニッポン』（鹿島出版社、2008年）
8) 大澤昭彦『高さ制限とまちづくり』（学芸出版社、2014年）
9) 蓑原敬ほか『白熱教室　これからの日本に都市計画は必要ですか』（学芸出版社、2014年）
10) 谷口守『入門都市計画』（森北出版、2014年）
11) 苦瀬博仁ほか『物流からみた道路交通計画』（大成出版社、2014年）

●第4章　緑、景観、歴史文化、環境を守る

12）松永安光『まちづくりの新潮流』（彰国社、2005年）

第3節

参考資料

URLはぎょうせいホームページ（http://gyosei.jp）にも掲載しています。

（1）公園など緑環境を守る法律

都市公園法と都市緑地法があり、特に後者は最近制度が精緻化している。

http://law.e-gov.go.jp/cgi-bin/idxselect.cgi?IDX_OPT=1&H_NAME=%93%73%8e%73%8c%f6%89%80%96%40&H_NAME_YOMI=%82%a0&H_NO_GENGO=H&H_NO_YEAR=&H_NO_TYPE=2&H_NO_NO=&H_FILE_NAME=S31HO079&H_RYAKU=1&H_CTG=1&H_YOMI_GUN=1&H_CTG_GUN=1

http://law.e-gov.go.jp/cgi-bin/idxselect.cgi?IDX_OPT=1&H_NAME=%93%73%8e%73%97%ce%92%6e%96%40&H_NAME_YOMI=%82%a0&H_NO_GENGO=H&H_NO_YEAR=&H_NO_TYPE=2&H_NO_NO=&H_FILE_NAME=S48HO072&H_RYAKU=1&H_CTG=1&H_YOMI_GUN=1&H_CTG_GUN=1

（2）都市計画税の使途を限定した条文

地方税法第702条において、都市計画税は都市計画事業又は土地区画整理事業に要する費用に充てると明記されている。

http://law.e-gov.go.jp/cgi-bin/idxselect.cgi?IDX_OPT=1&H_NAME=%92%6e%95%fb%90%c5%96%40&H_NAME_YOMI=%82%a0&H_NO_GENGO=H&H_NO_YEAR=&H_NO_TYPE=2&H_NO_NO=&H_FILE_NAME=S25HO226&H_RYAKU=1&H_CTG=1&H_YOMI_GUN=1&H_CTG_GUN=1

（3）都市計画税の余剰が生じていることを明らかにした質問趣意書及び答弁書

http://www.shugiin.go.jp/internet/itdb_shitsumon.nsf/html/shitsumon/a167021.htm
http://www.shugiin.go.jp/internet/itdb_shitsumon.nsf/html/shitsumon/b167021.htm

● 第4章　緑、景観、歴史文化、環境を守る

(4) 都市計画税に余剰が出た場合に特別会計で積み立てるよう指導する総務省内かんが引用されている論文

http://www.masse.or.jp/ikkrwebBrowse/material/files/200807_p30.pdf

(5) 都市計画事業の受益者負担金の規定

都市計画法第75条に受益者負担金が規定されている。

http://law.e-gov.go.jp/cgi-bin/idxselect.cgi?IDX_OPT=1&H_NAME=%93%73%8e%73%8c%76%89%e6%96%40&H_NAME_YOMI=%82%a0&H_NO_GENGO=H&H_NO_YEAR=&H_NO_TYPE=2&H_NO_NO=&H_FILE_NAME=S43HO100&H_RYAKU=1&H_CTG=1&H_YOMI_GUN=1&H_CTG_GUN=1

(6) 最近の受益者負担金に関する判例

下水道受益者負担金についての最近の判例。

http://www.courts.go.jp/app/hanrei_jp/detail 5 ?id=15229

(7) 景観法

景観法は、国土交通省だけでなく、農林水産省の農地景観や環境省の自然公園関係は規定されているものの、文化庁所管の重要文化景観については、文化財保護法第134条から第140条に規定されており、ここで文化庁長官への届出手続などが定められている。

http://law.e-gov.go.jp/cgi-bin/idxselect.cgi?IDX_OPT=1&H_NAME=%8c%69%8a%cf%96%40&H_NAME_YOMI=%82%a0&H_NO_GENGO=H&H_NO_YEAR=&H_NO_TYPE=2&H_NO_NO=&H_FILE_NAME=H16HO110&H_RYAKU=1&H_CTG=1&H_YOMI_GUN=1&H_CTG_GUN=1

http://law.e-gov.go.jp/cgi-bin/idxselect.cgi?IDX_OPT=1&H_NAME=%95%b6%89%bb%8d%e0%95%db%8c%ec%96%40&H_NAME_YOMI=%82%a0&H_NO_GENGO=H&H_NO_YEAR=&H_NO_TYPE=2&H_NO_NO=&H_FILE_NAME=S25HO214&H_RYAKU=1&H_CTG=1&H_YOMI_GUN=1&H_CTG_GUN=1

(8) 地域における歴史的風致の維持及び向上に関する法律

http://law.e-gov.go.jp/cgi-bin/idxselect.cgi?IDX_OPT=1&H_NAME=%97%f0%8e%6a%93%49%95%97%92%76&H_NAME_YOMI=%82%a0&H_NO_GENGO=H&H_NO_

YEAR=&H_NO_TYPE=2&H_NO_NO=&H_FILE_NAME=H20HO040&H_RYAKU=1&H_CTG=1&H_YOMI_GUN=1&H_CTG_GUN=1

(9) 高度地区に関する規定

高度地区に関する規定は、都市計画法第第8条第1項第3号、第3項第2号ト、第9条第17項、建築基準法第58条に定められている。
http://law.e-gov.go.jp/cgi-bin/idxselect.cgi?IDX_OPT=1&H_NAME=%93%73%8e%73%8c%76%89%e6%96%40&H_NAME_YOMI=%82%a0&H_NO_GENGO=H&H_NO_YEAR=&H_NO_TYPE=2&H_NO_NO=&H_FILE_NAME=S43HO100&H_RYAKU=1&H_CTG=1&H_YOMI_GUN=1&H_CTG_GUN=1
http://law.e-gov.go.jp/cgi-bin/idxselect.cgi?IDX_OPT=1&H_NAME=%8c%9a%92%7a%8a%ee%8f%80%96%40&H_NAME_YOMI=%82%a0&H_NO_GENGO=H&H_NO_YEAR=&H_NO_TYPE=2&H_NO_NO=&H_FILE_NAME=S25HO201&H_RYAKU=1&H_CTG=1&H_YOMI_GUN=1&H_CTG_GUN=1

(10) 都市の低炭素化の促進に関する法律

http://law.e-gov.go.jp/cgi-bin/idxselect.cgi?IDX_OPT=1&H_NAME=%92%e1%92%59%91%66&H_NAME_YOMI=%82%a0&H_NO_GENGO=H&H_NO_YEAR=&H_NO_TYPE=2&H_NO_NO=&H_FILE_NAME=H24HO084&H_RYAKU=1&H_CTG=1&H_YOMI_GUN=1&H_CTG_GUN=1

(11) 立地適正化計画

都市再生特別措置法第6章参照。
立地適正化計画の運用指針は、都市計画運用指針の中で位置づけられている。以下の新旧対照表が立地適正化計画の運用指針としてはわかりやすい。なお、立地適正化計画は市町村マスタープランに「みなされる」が、都市計画ではないことに注意。
http://www.mlit.go.jp/common/001049831.pdf

(12) 立地適正化計画に係る支援制度

概要は以下の資料参照。特に都市機能立地支援事業では、公有地の上の民間建築物などで公有地の借地料を軽減した場合など一定の地方公共団体の支援があれば、直接民間事業者に対して補助することができる。

● 第4章　緑、景観、歴史文化、環境を守る

http://www.mlit.go.jp/common/001050253.pdf
　また、一般財団法人民間都市開発推進機構のまち再生出資の規模要件や支援対象額が、立地適正化計画に位置づけられた誘導施設については緩和されている。

終章
政策課題に対応するための都市計画の政策体系

　従来の都市計画の枠を越えて、住民の安全、地域経済の再生、社会的弱者対策、景観、歴史文化、エネルギーといった幅広い政策課題に対応するには、土台となる「強制力を中心とした都市計画法の体系」についても、よりいっそう強固で体系的なものに改革していく必要がある。ただし、この章では都市計画法の本格的な改革の前に、巨大災害など緊急に対応すべき政策課題に対応して早急に実施すべきものとして、関係法体系との整理と財源措置などの充実を内容とする、当面の都市計画法体系の概要を提案する。

● 終章　政策課題に対応するための都市計画の政策体系

Ⅰ　都市計画法の基本的役割

1　郊外へのバラ建ちの抑制

　現在直面している都市問題を解決するためには、土地利用や施設、事業について強制力を持って実現する都市計画法の基本的枠組みを維持しつつ、制度拡充を図っていくことが重要である。都市の開発圧力がない現時点においては、制定当時の開発圧力を押さえるという観点ではなく、市街地の縁辺部などに土地の価格の安さを求めて住宅や商業施設などが散在的に立地することを抑制していくといった観点からの制度拡充が求められる。

　具体的には、市街化調整区域を維持しつつ、それ以外の区域で開発行為や建築行為等が無秩序に生じないようにする。市町村マスタープランの策定区域内であれば、都市計画区域内外にかかわらず、開発許可対象外である当該行為等に対して市町村へ届出を義務づけ、必要に応じて市町村長が勧告や変更命令等を講じるよう措置する。

2　市街地の高度利用のコントロール

　市街地内の中高層分譲マンションの立地を適切に誘導するためには、市町村マスタープランにおいて、住宅供給数のフレームを適切に管理したうえで、絶対高さ制限を定めた高度地区を適用することが重要であり、これをもって、市街地環境の維持の目的は足りると考える。この観点からは切迫した制度改正は必要がないものと考える。

3　都市計画財源の確保と基金化

　地域経済の再生、社会的弱者対策、歴史文化の保全や市街地環境の確保のすべてに共通して、都市計画財源の確保が重要である。このため、既に法律で定められている都市計画税及び受益者負担金に加え、都市計画特例に伴い民間事業者が負担する都市計画負担金や附置義務駐車場の代わりに事業者が

●終章　政策課題に対応するための都市計画の政策体系

負担する都市計画負担金を制度化するとともに、その使途を都市計画の遂行に限定する都市計画基金を都市計画法に措置することが適当である。

4　その他の都市計画法の課題

　都市計画法については、建築基準法独自の容積率緩和制度と都市計画に基づく緩和制度の関係、位置指定道路制度と開発許可の関係など、制度相互の不整合の問題がある。また、そもそも都市計画法の「目的」や「基本理念」が時代遅れになっている点も指摘されている。また、農業地域振興法などとの関係もよく指摘されるところである。

　これらの課題は、開発圧力が収まってきた現状では、喫緊の都市問題を解決することに直接結びつかないことから、長期的な課題として議論すべきと考える。

II　都市問題の解決のための法体系の整理

1　持続可能で自立的な都市構造を実現するための法体系の整備

ア　地域経済の再生、社会的弱者対策、環境対策などに対しては、既存の建築物や都市公園といった公共空間などの地域資源を活用しつつ、地域住民の協同主義的な活動を地域の総合的な生活サービス事業に誘導する地域SPC法人制度及びこれに対する認証制度の創設が重要である。

イ　認証地域SPC法人に対しては、都市再生特別措置法の第5章の都市再生整備計画制度、低炭素まちづくり法の低炭素まちづくり計画制度、都市再生特別措置法第4章第3節の都市再生安全確保計画制度、同法第6章の立地適正化計画制度を統合して、「持続可能・自立型都市再生計画（仮称）」として統合して支援措置を講じる。

ウ　具体的には「持続可能・自立型都市再生計画（仮称）」において、地域SPC法人の設立に対して政策金融機関の出融資の特例措置、UR都市機構

● 終章　政策課題に対応するための都市計画の政策体系

や地方住宅供給公社の出融資制度の創設、都市公園などの占用許可や施設設置許可の特例、総合的な生活サービス事業を行うに当たって必要となる下水道熱利用、河川水利用、特定電気供給事業者の免許の特例、有償福祉運送事業の届け出の特例などの措置を講じる。

エ　「持続可能・自立型都市再生計画（仮称）」においては、既存の建築物や公共施設を活用することが前提であるので、公共施設整備とそれに対する交付金の交付を計画策定の必須条件とはしない。また、政策金融機関の支援に当たっては、地域SPC法人の公共性のある事業そのものに着目して支援を行うようにする。当面、公共事業関係費の中から財政措置を講じるに当たっても、リノベーションなどは規模要件を一定の面的範囲のプロジェクトの合計面積で換算すること、公共施設整備要件はリノベーションの物件と接しなくても面的範囲内で実施すれば足りることにするなど、要件の緩和を実施すべきと考える。

オ　その上で、都市再生特別措置法は東京都心やブロック中枢都市の都心を対象にした特定都市再生緊急整備地域を前提とする制度に純化するとともに、政策金融機関によるSPC出資など支援措置を充実する。[1]

2　被災地復興法制の一元化

ア　現在は、小規模の災害でも対応できる被災市街地復興特別措置法と、一定規模以上の大規模災害について二段階に分けて特別措置を講じている大規模災害からの復興に関する法律が存在する。

イ　この二つの制度の関係は、第1章第2節Iで述べたとおり整理することは可能だが、被災地復興の現場の担当者にとって一覧性がないのが課題と考える。また、東日本大震災で明らかになったとおり、都市計画区域外で現行制度では適用できない被災市街地復興推進地域についても、バラ建ちを抑えつつ何らかの事業や地域の建築ルールを導入することは必要なので、一定の調整を図った上で被災市街地復興推進地域を都市計画区域外でも適用できる準被災集落復興推進地域（仮称）のような制度が必要である。

ウ　被災市街地復興特別措置法について、前記の改善を図りつつ大規模災害

● 終章　政策課題に対応するための都市計画の政策体系

からの復興に関する法律と一本化して「被災地復興法（仮称）」を制定することが適当と考える。

3　景観法への一元化

ア　景観や歴史まちづくりについては、景観の部分は景観法と文化財保護法、さらに歴史まちづくり法に分かれている。

イ　建築史、都市史に詳しい建築技術者や都市計画技術者が国及び地方公共団体において建築・都市計画部局にしかいないことも踏まえ、文化財保護法に基づく重要文化財及び登録文化財のうち、建築物に係るもの、また、街並みに係る伝統的建築物群保存地区については、法律自体も景観法に一元化して、国土交通省が主導的に所管することによって、次世代に確実に歴史的な建築物や街並みを保存・活用しつつ伝えていくことが可能となると考える。

ウ　このため、景観・歴史まちづくりの法体系としては、景観法の体系に歴史まちづくり法と文化財保護法で建築物と街並みに関する部分を吸収した一元的な法体系、例えば「景観・歴史まちづくり法」（仮称）を構築すべきと考える。

Ⅲ　当面の都市計画の法体系

当面の法体系のイメージは図表49のとおりである。

まず、土台に土地利用、施設、事業について強制力があり、都市計画区域を対象とする現行都市計画法が基本的に維持される。

次に、土地の価格が安いことだけを目的として、散在的で、都市経営の観点からみて非効率な建築行為や開発行為が郊外や都市計画区域外に発生することを抑制するために、市町村全体に策定された市町村マスタープランに基づき、市町村の区域全体に対して、届け出勧告制度、さらに変更命令等を行う制度を整備して、既存の農業関係法と抵触せずに、散在的な開発や建築行為を事実上抑制できる仕組みを、当面整備する。

● 終章　政策課題に対応するための都市計画の政策体系

■図表49　当面の都市計画法体系のイメージ図

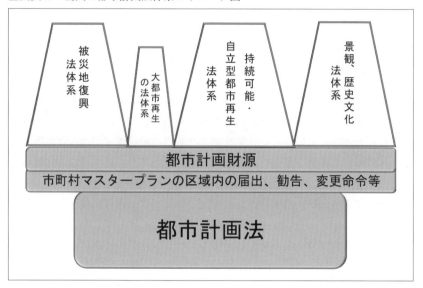

　また、緑や公園、景観、歴史的環境などを守るための都市計画の財源についても、都市計画区域を越えて、市町村の区域全体で、活用できるようにする。

　これらの都市計画法とその補充的な措置という土台の上に、

　第一に、小規模から大規模までの災害に対する復興制度を一元化した被災地復興法の体系を整備する（一番左の台形）。

　第二に、景観、歴史まちづくり法を一体化した法体系を整備する（一番右の台形）。

　第三に、地方都市などを中心として、地域経済対策、社会的弱者対策、エネルギー対策などの中心となる持続可能・自立型の都市再生制度の法体系を整備する（右から二番目の台形）。

　最後に、都市再生特別措置法のうちの特定都市再生緊急整備地域という国際競争力強化を目的とした制度に純化して、大都市再生の法体系を確率する（左から二番目の小さな台形）。

● 終章　政策課題に対応するための都市計画の政策体系

■注
1) 拙稿の最後の参考を参照。　http://www.minto.or.jp/print/urbanstudy/pdf/u60_05.pdf

おわりに

　本書は、2011年3月11日の東日本大震災の復興政策の企画の経験が契機となっている。

　国土交通省都市局総務課長の立場で、都市局各課から多くの復興予算要求を聞く機会があった。土地区画整理事業、防災集団移転促進事業の要件緩和などミクロの対応は各課の技術官僚が的確に行った。しかし、人口減少社会、国と地方の厳しい財政といった時代の転換点を踏まえた復興政策全体の今後の大きな転換の方向性などについては、都市局をはじめ国土交通省で十分な議論をする雰囲気ではなかった。自分も、阪神・淡路大震災を経験したものの、勉強不足で局内の議論をリードすることができなかった。

　このため、2011年3月12日から、無謀ながら、夜の会を一切辞退して、早朝に起床し、防災、復興、都市計画、建築などの本を毎日一冊ずつ読了して、考えられる論点を「革新的国家公務員を目指して」という個人ブログにアップをしはじめた。

　次第に、本来の都市計画とは、人が生活し活動する空間である「都市」において、その全域又は一部の地域に偏在する社会問題（「都市問題」）を解決するため、現在の都市計画法の枠を超えて、一定の「将来像」を目指す「総合的な制度体系」と理解すべきだと確信した。その後、内閣府防災勤務ののち、国土交通省を研究休職してからは、若干の論考をブログなどにアップしてきた。

　そのような折、山本繁太郎先輩（元山口県知事、元国土交通省住宅局長）にお目にかかった。先輩が亡くなる前年の夏だった。山本先輩は筆者の日々の発信を評価しつつ、「一切不満をいわずに、黙々と努力せよ。誰かがちゃんと見ている。」と筆者の背中を押してくれた。

　それに奮起して、従来の狭い都市計画の枠組みを超えて、安全、地域経済、社会的弱者、環境などの政策課題に対して、都市計画制度の運用改善、制度改善案などを本書で整理することができた。これらは、まだアイディア集の域を出ていないが、都市計画の新しい姿を示す第一歩としてご寛恕願いたい。

　このような経緯で、本書はまず、偉大な都市計画の先輩、山本繁太郎氏に

● おわりに

捧げたい。

　また、筆者の都市計画の理解は、役所でともに勤務した中島正弘、原田保夫両先輩、樺島徹、吉田英一両後輩に多大な指導やアドバイスをいただいた結果である。また、実務経験は、岐阜県都市計画課長、兵庫県まちづくり復興担当部長時代の仲間のアドバイスに大きく依存している。

　しかし、本書で示した見解や意見は、すべて筆者の責任に属するものであり、筆者が所属する国土交通省や一般財団法人民間都市開発推進機構の公式の意見、さらに指導やアドバイスをいただいた両先輩、両後輩とは一切関係ないものである。

　なお、本書は、出版社ぎょうせいご担当者の暖かくも厳しい叱咤がなければいつまでもまとまらなかったと思う。

　最後に、結婚以来、筆者の毎日朝方3時、4時帰りに耐えて、楽しい家庭を築いてくれている妻、秀佳に心から感謝したい。

東日本大震災から4年半がたった秋の朝の書斎にて

　　　　　　　　　　　　　　　　　　　　　　　　　　　　著　者

初 出 一 覧

本書の原稿の初出の研究誌等は以下のとおり。

序　章　　　　　　書き下ろし

第1章　第1節　　　書き下ろし
　　　　第2節　Ⅰ　アーバンスタディ（一般財団法人民間都市開発機構都市研究センター研究誌）　2014.12
　　　　　　　Ⅱ　アーバンスタディ　2013.06
　　　　第3節　　　書き下ろし

第2章　第1節　　　書き下ろし
　　　　第2節　Ⅰ　リサーチメモ（一般財団法人民間都市開発機構都市研究センターHP上の研究論考）　2014.09
　　　　　　　Ⅱ　リサーチメモ　2014.11
　　　　　　　Ⅲ　リサーチメモ　2015.02
　　　　第3節　　　書き下ろし

第3章　第1節　　　リサーチメモ　2015.08
　　　　第2節　Ⅰ　リサーチメモ　2015.11
　　　　　　　Ⅱ　リサーチメモ　2015.02
　　　　第3節　　　書き下ろし

第4章　第1節　　　書き下ろし
　　　　第2節　　　アーバンスタディ　2014.12
　　　　第3節　　　書き下ろし

第5章　　　　　　　書き下ろし

用語索引

〈A-U〉

AIA（一般社団法人エリア・イノベーション・アライアンス）…… 119
BID（Business Improvement District：ビジネス活性化地区）………………………………… 111
BRT（バス・ラピッド・トランジット）………………………… 110
DID面積 ……………………… 218
LRT …………………………… 103
TDR（容積率移転）…………… 195
UR都市機構 ……………… 96, 167

〈あ〉

空きビル …………………… 9, 95
空き家 ……………………… 9, 95
跡地管理区域 ………………… 217
池田宏 ………………………… 3
一団地の防災拠点施設（仮称）…… 30
移転促進区域内 ………………… 70
イノベーター ………………… 107
運用改善 ……………………… 11
駅前広場 ……………………… 109
エネルギー …………………… 8
大阪エリアマネジメント活動促進条例 ………………………… 201
オープンスペース …………… 204
オガール紫波 ………………… 107

〈か〉

海外大学のサテライトオフィス …… 127
海岸における津波対策検討委員会提言 ……………………… 58
海岸法 ………………………… 22
海岸保全施設 ………………… 22
街路事業 ……………………… 5
仮設住宅 …………………… 187
過疎地有償運送 ……………… 223
関東大震災 …………………… 3
管理協定 …………………… 200
北九州家守舎 ……………… 107
旧都市計画法 ………………… 3
共助 ……………………… 48, 89
強制力 ………………………… 11
居住支援協議会 …………… 166
居住調整地域 ……………… 218
居住誘導区域 ……………… 217
居宅介護事業所や診療所 …… 185
緊急使用 ……………………… 67
緊急避難場所 ………………… 63
グローバル経済 …………… 101
景観 …………………………… 8
景観・歴史まちづくり法体系 … 235
景観法 ……………………… 206
景観法運用指針 …………… 207
形態規制 ……………………… 4
下水道事業 …………………… 5
下水道熱利用 ……………… 195

● 用語索引

下水道の排水利用	214
下水道法	5
下水道法改正	213
圏央道	200
建設国債	7
建築物のエネルギー消費性能の向上に関する法律	212
建ぺい率の特例許可	21
公営地下鉄事業	103
公共交通機関	7
高度地区	195
公民連携事業	107
コーポラティブハウス	185
国際競争力	123
国土形成計画	200
国土交通省	47
国土のグランドデザイン	164
コジェネレーション	127, 195
コジェネレーション事業	213
互助ハウス	166
戸籍法	69
国庫補助	7
後藤新平	3
子ども・子育て支援法	170
コミュニティバス	110
コモンハウス	166
コンパクトシティ	164

〈さ〉

災害危険区域	14
災害救助法	44
災害対策基本法	18
災害復興公営住宅	36, 187
財産管理制度	68
札幌大通公園	204
3項道路	14, 21
シェアハウス	9, 185, 186
市街化調整区域	200
市街地環境	8
市街地再開発事業	5
次世代郊外まちづくり	96
次世代郊外まちづくり構想	166
次世代の負担	7
事前復興計画	16
持続可能・自立型都市再生計画	166, 214, 233
市町村マスタープラン	16, 200
市民緑地	200
社会関係資本	185
社会住宅	187
社会的弱者	8
借地公園	195
住生活基本計画	19
住生活基本法	182
修繕積立金	186
住宅金融支援機構	47
住宅組合	186
住宅市街地	89
住宅保有会社	186
収用委員会	67
受益者負担金	10, 196, 197, 201
首都直下地震	13, 14
準被災市街地復興推進地域	234
省エネ機能	183
小規模認可保育園	170
小水力発電	214

243

● 用語索引

譲渡所得税 ……………………… 71
ショットガン方式 ……………… 113
自立型エネルギーシステム ……… 196
生産緑地 ………………………… 195
制度改善策 ……………………… 11
絶対高さ制限 …………………… 194
設定津波の水位の設定方法等について ……………………… 58
戦災 ……………………………… 3
線引き …………………………… 3
前面道路の容積率制限 ………… 21
総合設計 ………………………… 196
総合的な南海トラフ巨大地震対策に伴う対策について ………… 22
相続財産管理人制度 …………… 68
総務省 …………………………… 47

〈た〉

大規模災害からの復興に関する法律 ……………………………… 16
大洪水 …………………………… 36
ダウンゾーニング ……………… 197
高台移転 ………………………… 15
宅食サービス …………………… 168
竜巻 ……………………………… 36
地域SPC法人 ……………… 9, 168
地域共同体 ……………………… 9
地域コミュニティ ……………… 89
地域における歴史的風致の維持及び向上に関する法律 ……… 206
地域防災計画 …………………… 26
地域冷暖房 ……………………… 195
地区別協議会 …………………… 16

地区防災計画 …………………… 14
地方交付税 ……………………… 47
地方住宅供給公社 ………… 96, 167
地方住宅供給公社法 …………… 168
地方創生の深化のための新型交付金 ………………………… 120
中央官庁街 ……………………… 15
中央防災会議 …………………… 22
駐車場配置適正化区域 ………… 217
弔慰金 …………………………… 47
津波対策 ………………………… 8
津波対策の推進に関する法律 … 56
津波タワー ……………………… 16
津波復興住宅等建設区 ………… 50
津波防護施設 …………………… 22
津波防災地域づくり法 ………… 17
津波防災地域づくりに関する基本的な方針 ……………………… 22
津山市阿波地区〈旧：阿波村〉の合同会社「あば」 …………… 99
デイケアセンター ……………… 185
低所得高齢者等住まい・生活支援モデル事業 ………………… 166
低炭素 …………………………… 8
鉄道混雑率 ……………………… 102
鉄道抵当法 ……………………… 111
デマンドマス …………………… 110
電鉄会社 ………………………… 167
東京圏高齢化危機回避戦略 …… 164
東京市区改正条例 ……………… 2
東北地方太平洋地震を教訓にした地震・津波対策に関する専門調査会最終報告 ………………… 58

● 用語索引

東北地方太平洋地震を教訓にした
　地震・津波対策に関する専門調
　査会中間とりまとめ……… 57
登録免許税…………………… 71
道路斜線制限………………… 21
道路占用の特例……………… 109
道路法………………………… 109
特定電気事業者……………… 213
特定都市再生緊急整備地域……… 102
特定容積率適用区域………… 209
特別都市計画法……………… 3
特別緑地保全地区………… 195, 200
特例容積率適用地区………… 209
都市機能誘導区域…………… 217
都市機能立地支援事業……… 229
都市計画運用指針…………… 200
都市計画基金………… 196, 197, 205
都市計画区域の整備、開発又は保
　全の方針…………………… 200
都市計画税…………… 11, 197, 220
都市計画負担金……… 196, 197, 205
都市公園事業………………… 5
都市公園法…………………… 5
都市再開発法………………… 5
都市財政……………………… 7
都市再生機構………………… 96
都市再生緊急整備地域……… 9
都市再生整備計画…………… 107
都市再生特別措置法………… 9, 217
都市直下地震………………… 8
都市デザインコントロール……… 128
都市内農地…………………… 194
都市の低炭素化の促進に関する法

律……………………………… 212
都市広場……………………… 109
土砂災害……………………… 36
土砂災害警戒区域等における土砂
　災害対策の推進に関する法律…… 41
都市緑地保全地区…………… 199
土地区画整理事業…………… 3
土地区画整理法……………… 5

〈な〉

内閣府防災担当統括官……… 18
長岡市のこぶし園…………… 99
南海トラフ巨大地震………… 13, 14
南海トラフ地震対策推進基本計画
　……………………………… 22
南海トラフ地震に係る地震防災対
　策の推進に関する法律……… 22, 59
逃げ地図……………………… 14
２項道路……………………… 14
日本住宅公団………………… 96
ニュータウン………………… 89, 96
熱供給事業者………………… 213
熱交換器……………………… 214

〈は〉

バイオマス発電……………… 214
バス専用レーン……………… 111
パラサイトシングル………… 183
バリアフリー改修…………… 168
阪神・淡路大震災…………… 13
東日本大震災………………… 13
東日本大震災復興特別区域法…… 67, 70
被災市街地復興推進地域……… 14

245

● 用語索引

被災市街地復興特別措置法………… 37
被災者生活再建支援法…………… 188
被災地復興法……………………… 235
避難計画……………………………… 13
避難行動要支援者…………………… 63
標準契約約款……………………… 186
ピロティ……………………………… 32
広場………………………………… 72
風致地区…………………………… 200
福祉施設……………………………… 9
福祉有償運送……………………… 223
福祉有償運送事業………………… 168
不在者財産管理人制度……………… 68
復興一体事業……………………… 51
復興交付金計画…………………… 45
復興推進計画……………………… 45
復興整備計画……………………… 45
復興対策委員会…………………… 44
復興対策本部……………………… 44
復興庁……………………………… 44
不動産取得税……………………… 71
防災街区整備事業………………… 15
防災街区整備地区計画…………… 17
防災集団移転……………………… 49
防災都市計画……………………… 27
防災・復興庁(仮称)……………… 17
法人税……………………………… 71
防潮堤……………………………… 24
歩行者デッキ……………………… 108

補助金……………………………… 10

〈ま〉

街並み誘導型地区計画………… 14, 21
まち・ひと・しごと創生法……… 114
まち・ひと・しごと創生本部…… 120
密集市街地………………………… 8
密集市街地における防災街区の整
　備の促進に関する法律………… 19
緑…………………………………… 8
ミニ戸建て………………………… 14
民間都市開発推進機構…………… 107

〈や〉

容積率……………………………… 4
用途地域…………………………… 4
予備防災・復興官(仮称)制度…… 17

〈ら〉

立地適正化区域…………………… 217
立地適正化計画…………………… 217
リノベーション…………… 107, 186
リノベーション事業……………… 95
緑地協定…………………… 199, 200
緑地保全地域……………………… 200
歴史的建築物……………………… 8
歴史まちづくり法………………… 206
路地………………………………… 21
路面電車…………………………… 103

〈著者プロフィール〉

佐々木　晶二（ささき・しょうじ）

一般財団法人民間都市開発推進機構　上席参事兼都市研究センター副所長
1982年建設省入省。1989年岐阜県都市計画課長、1995年建設省都市計画課課長補佐の時に、阪神・淡路大震災に直面し、被災市街地復興特別措置法案を立案、2006年兵庫県まちづくり復興担当部長、2011年都市局総務課長の時に東日本大震災に直面し、復興事業の予算要求を立案、2013年内閣府防災担当官房審議官を経て、2013年から現職。

政策課題別
都市計画制度　徹底活用法

平成27年12月10日　第1刷発行

　　　著　者　　佐々木　晶二

　　　発　行　　株式会社　ぎょうせい
　　　　　　　　〒136-8575　東京都江東区新木場1-18-11
　　　　　　　　　　　　電　話　編集　03-6892-6508
　　　　　　　　　　　　　　　　営業　03-6892-6666
　　　　　　　　　　　　フリーコール　0120-953-431

〈検印省略〉　　　　　URL：http://gyosei.jp

印刷　ぎょうせいデジタル(株)　　　Ⓒ2015 Printed in Japan
※乱丁・落丁本はお取り替えいたします。
＊禁無断転載・複製

ISBN978-4-324-10066-0
(5108204-00-000)
〔略号：都市計画制度〕

全国5か所で開催した集中セミナーを1冊に！

自治体職員再論
～人口減少時代を生き抜く～

大森 彌【著】　自治体学会【編集協力】
A5判・定価（本体2,200円＋税）

本書の特色

● 自治体現場に精通した著者が"自治体職員"として働く意義・価値を余すところなく語る！

● 増田レポートの衝撃、新人事評価制度、職場のメンタルヘルス、管理職の成り手不足……自治制度から、自治体の職場の特質に至るまで、多岐にわたる論点を凝縮！

ご注文・お問合せ・資料請求は右記まで

株式会社 ぎょうせい
〒136-8575 東京都江東区新木場1-18-11

フリーコール
TEL：0120-953-431 [平日9～17時]
FAX：0120-953-495 [24時間受付]
Web http://gyosei.jp [オンライン販売]

Q&A ヘルスケア施設の法律と実務
—医療・介護施設、高齢者住宅の諸問題—

弁護士　田中　周／著

A5判・定価（本体3,800円＋税）送料350円　※送料は平成27年11月現在の料金です。

医療施設　**介護施設**　**シニア向け住宅**（有料老人ホーム・サービス付き高齢者向け住宅）

- ○病院開設に当たってはどんな手続が必要？
- ○医療事故が起きた場合の患者に対する責任は？

- ○認知症や判断能力が十分でない高齢者と利用契約を締結するときの注意点は？
- ○利用者の金銭管理はどのように行えばよい？

- ○有料老人ホームの設置者に対して、行政はどのような指導・監督権限を持つ？
- ○管理費を滞納したりトラブルを起こす入居者との契約は解除できる？

 株式会社ぎょうせい
Communication & Solution with Contents

フリーコール　TEL：0120-953-431［平日9〜17時］
　　　　　　　FAX：0120-953-495［24時間受付］

Web http://gyosei.jp　〒136-8575 東京都江東区新木場1丁目18-11

ご注文は…書店様のほか、お電話・FAX・インターネットでも承っております。

マイナンバー専門情報誌

月刊 自治体ソリューション

窓口対応・個人番号カード・PIA・システム改修…

マイナンバー対応に必要な最新情報を毎月お届けします!

準備は待ったなし!

豪華連載

- ●MY NUMBER
  - ○Q&Aで読み解くマイナンバー制度
  - ○これで解決! マイナンバー準備事務のポイント
  - ○マイナンバー制度導入に伴うシステム改修と実務ポイント
  - ○自治体担当者必読!!
    民間事業者のマイナンバー対応事務のすべて
  - ○マイナンバーが変える地方税務
  - ○これだけは押さえておきたい!
    税理士業務と番号制度の実務のポイント
  - ○個人番号カードで自治体ソリューション
                              ほか
- ●ICT
  - ○「電子自治体の取組みを加速するための10の指針」活用術
  - ○【ルポ】オープンデータ活用最前線
  - ○【リレー連載】プロサポーターが伝授する
    地域情報化の"ワザ"   ほか

WEBからもお申込みいただけます　[月刊自治体] [検索]

A4判・72頁
年間購読料
価格は8%税込・送料込となります。

- 1年 **12,960円** (1冊1,080円)
- 2年 **19,920円** (1冊830円)
- 3年 **27,000円** (1冊750円)

ご注文・お問合せ・資料請求は右記まで

株式会社 ぎょうせい
〒136-8575 東京都江東区新木場1丁目18-11

本誌は書店でお取扱いいたしません。お申込みは直接当社までお願いいたします。
[フリーコール] **0120-953-431** [平日9〜17時]
[Web] http://shop.gyosei.jp/js [オンライン販売]